享用 心灵下午茶

Enjoy Afternoon Tea with Soul

马彦文 编著

中国纺织出版社有限公司

内 容 提 要

人,降世时,身无一物;到逐渐长大,与外物纠缠,与欲望牵扯;得到的越多,失去的也就越多,幸福却越少了。人生最该拥有的风景,是内心的简单与从容。世界是自己的,与他人毫无关系,褪去浮华,回归最简朴的人生,给自己的人生来一杯沁人心脾的心灵下午茶。

本书详细阐述了人们在生活中经常遇到的烦恼和困苦,它们或让人焦虑,或让人畏缩,或让人愤怒,或让人计较……人生在不安中举步维艰,快乐难寻。本书通过剖析日常生活中的各种事例,让人们重新审视自己的烦恼,果断舍弃一些东西,改善心灵环境,让自己的人生轻松自如、焕然一新。

图书在版编目(CIP)数据

享用心灵下午茶 / 马彦文编著. -- 北京:中国纺织出版社有限公司,2022.3
 ISBN 978-7-5180-9229-1

Ⅰ. ①享… Ⅱ. ①马… Ⅲ. ①人生哲学—通俗读物 Ⅳ. ①B821-49

中国版本图书馆CIP数据核字(2021)第264946号

责任编辑:闫 星 责任校对:高 涵 责任印制:储志伟

中国纺织出版社有限公司出版发行
地址:北京市朝阳区百子湾东里A407号楼 邮政编码:100124
销售电话:010—67004422 传真:010—87155801
http://www.c-textilep.com
中国纺织出版社天猫旗舰店
官方微博 http://weibo.com/2119887771
天津千鹤文化传播有限公司印刷 各地新华书店经销
2022年3月第1版第1次印刷
开本:880×1230 1/16 印张:12
字数:122千字 定价:49.80元

凡购本书,如有缺页、倒页、脱页,由本社图书营销中心调换

前 言
PREFACE

生活中，人们不可避免地会遭遇挫折和困境，还会遭受失落、沮丧、焦虑、抑郁等不良情绪的困扰。摆脱掉身上的负累和枷锁，寻找到生命最本真的快乐，已经成为现代人无声的呐喊。现代社会，心理问题日渐凸显，心理医生的职业火爆起来，这说明人们越来越容易受到心理问题的困扰，每个人都在通过自己的方式，寻找一些能够帮助自己解决心灵困惑、能够让心灵放松、让生活愉快自在的方法。

的确，人们从咕咕坠地的婴儿，成长为能够独当一面的社会人，遇到的困难和挫折不少，承受的责任和压力也越来越多，内心的安宁、富足离我们越来越远。是时候为生活做做减法了。现在非常流行对物品进行"断舍离"，其实我们的心灵更加需要经常清空。

人生旅途走到某个时段，身心经受世事纷扰，我们迫切需要给自己的心灵进行一次洗礼。人们追求心灵的自在如此迫切，并不在于人们所面对的压力有多么大，而在于人们的心理健康和身体健康已经出现了诸多问题。通常情况下，人们对健康的标准仅仅局限于生理健康，并未将心理健康纳入其中。当压力袭来，内心倍感失落、焦虑、沮丧、压抑，这就是心理趋于消极的开端。如何保证身体和心理的健康？我们要学会为自己的心灵烹一杯清澈的香茶。

想要远离繁杂的人生，时时保持心灵的恬淡，就要记得常常给人生做减法，就是尽量地舍弃掉那些没有必要和不重要的东西，从而为重要的东西留存空间。当然，对每个人而言，重要的东西都是不一样的。那么，每个人都应该考虑什么才是我们生命中最为重要的，通过舍弃不是那么重要的事情，就可以为生命中重要的事情留出空间来。

俗话说："命里有时终须有，命里无时莫强求。"懂得"断舍离"，主动为生活做减法，是一种非常有意义的人生智慧。心中了无负担，面对人间是是非非，必能付以淡然一笑。世间万事万物只需顺其自然，一切都是最好的安排。

最高明的人生，就是将最复杂的变成最简单的。不管居所还是心灵，都不能装得太满。人生需要定期地清理，果断舍弃那些没用的东西，才能腾出宽阔的位置，迎接更多美好的东西。这不是一场难过的告别，而是一次与自己，以及与被留在你世界里的人与物的崭新相遇。

目 录
CONTENTS

第01章
做好自己,你不必活在别人的眼光里 — 001

走自己的路,做自己人生的主人 — 002

放下虚荣心,别死要面子活受罪 — 005

你永远不可能是这个世界上最优秀的人 — 008

不断地激励自己,让自己坚持成长 — 011

别跟自己过不去,你不必活在别人眼里 — 013

你只管努力,剩下的交给时间 — 015

第02章
为心灵做减法,人生没有什么非得到不可 — 019

你不幸福,是因为你按照别人的定义生活 — 020

不要为不值得的事情浪费时间 — 023

潇洒于世,心中不为小事负累 — 026

少一分对名利的贪恋,多一分内心的坦然 — 028

平衡内心,绝对的公平根本不存在 — 032

一味地攀比,你根本无法体会到快乐 — 035

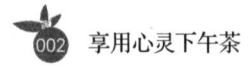

第03章
和孤独和平相处，过好当下的每一天 — 037

学会和自己相处，孤独才是人生永恒的状态 — 038

静享独处时光，享受简单的快乐 — 041

耐得住寂寞，才能让事情开花结果 — 044

爱你的寂寞，聆听自己内心的声音 — 047

寂寞是心灵成长的必经之路 — 050

沉默是一种品格，更是一种境界 — 052

第04章
用积极的能量，唤醒最好的自己 — 055

无论何时，都要在内心建立健康积极的意象 — 056

掩埋自卑，相信你自己可以做到 — 059

为自己加油喝彩，获得向上的能量 — 062

放大你的优点，也许会有不一样的收获 — 064

自我激励，把责任感转化为强大的内驱力 — 067

第05章
斩断焦虑，放下压力让心灵变得轻松愉悦 — 071

心中不安，就会产生焦虑情绪 — 072

你担忧的事，99%都不会发生 — 074

变压力为动力，不断淬炼自己 — 077

把失败当成人生进步的阶梯，才能走向成功 — 080

从容，才能真正得到平静而美好的人生 — 083

越是紧张，结果越不尽如人意 — 086

第06章
内心的欲望是枷锁，禁锢了心灵的自由 — 089
挣脱欲望的囚牢，才能放飞自己的心灵 — 090
控制你的欲望，别让欲望控制你 — 093
你可以追求金钱，但不要成为金钱的奴隶 — 095
调整心态，知足才能常乐 — 097

第07章
远离计较，心胸宽广的人更易体悟幸福真谛 — 101
吃亏是福，是一种得到和补偿 — 102
成大事者，不拘泥于眼前的小事 — 104
少一分计较，就多一分随遇而安 — 107
人无完人，试着用宽容的心去接纳 — 110
凡事往宽处想，好运就不会远离 — 113

第08章
学会遗忘，忘记伤痛才能开启新人生 — 117
人要向前看，才会有希望 — 118
学会遗忘，才能减轻心灵的负担 — 120
别负重前行，忘却是最好的减负方法 — 123
放下心中执念，就拥有了人生中最美好的一切 — 125
忘却仇恨，就是放过了自己 — 128

第09章
丢掉心灵的疲惫，去发现生活的美好 — 131

别忘奖励自己，主动调整饮食和作息 — 132

换一种思维，让家务变得轻松有趣 — 134

运动起来，让身体焕发青春与活力 — 137

养花种草，以花草鸟鸣来调节心情 — 140

看电影听音乐，让耳朵和眼睛获得艺术享受 — 142

充分享受人生，享受美好的生活 — 145

第10章
心若随喜，人生自然一片美好 — 149

放松心情，享受更多生活的乐趣 — 150

洗涤心灵，让自己的世界也干净简单 — 153

选择快乐，你就会真的快乐 — 156

修炼心性，才能抓住幸福 — 160

有一颗平淡如水的心，就不会轻易为琐事烦忧 — 163

第11章
不忘初心，清空心灵方能回归本真的自我 — 167

放下浮躁的心，回归人本性中的单纯 — 168

及时反省，以免自己的心灵染上尘埃 — 171

保持平静的内心，别迷失自己 — 175

保持"空杯心态"，让自己轻松前进 — 177

初心不改，信念能使人们的力量倍增 — 180

参考文献 — 183

第 01 章

做好自己,你不必活在别人的眼光里

走自己的路，做自己人生的主人

人最大的弱点就是太在意别人对自己的看法，以至于做事情时考虑太多，反而将本来简简单单就能解决的事情复杂化了。一个人要想做自己的主人，不让别人左右自己的人生，就必须坚持走自己的路，做自己的事，活出自己的精彩。

虽然常听人说："走自己的路，让别人说去吧！"但是真的能做到完全不顾虑外人看法的人却少之又少。大多数人都会随着别人的看法而或喜或悲，更何况这世上从来就不缺少那些站在道德的制高点，对别人的人生指指点点的人。所以即使遇到了，也不必真的生气，因为你的愤怒只会让他们更加开心，更加兴奋而已。

杨玺大学毕业后，到一家公司实习，没想到，上班第一天他就遇到了一件让自己很尴尬的事情。中午午休时间，他去公司楼下的餐厅吃饭，找座位的时候，正好坐到了副总的旁边。在一个桌上吃饭，就算不是副总，也该打个招呼，可是杨玺却犹豫了，本来和副总坐一桌大家就已经开始看着自己了，要是再凑上去说话，其他在餐厅的同事肯定会觉得自己是个马屁精。就这样，杨玺犹犹豫豫，直到副总吃完饭也没跟副总打招呼。

过了几天，杨玺的组长带着他还有同组的一个同事陪副总一起和客户谈业务。吃饭的时候，杨玺几次想和副总说话，好缓解上班第一天的尴尬。但是看到副总正在和客户说话，他想自己只是一个新员工，还是不要插话为好，万一说错了，岂不是更糟，所以直到饭局结束，杨玺都没说什么话，一直沉浸在自己的胡思乱想中。

饭后送走客户，组长也有事先走了，只有杨玺和另一个同事陪副总回公司。路上，杨玺先是觉得同事在和副总谈工作上的事情，自己插嘴不好，所以一直保持沉默。走到中间，杨玺听到副总咳嗽了两声，他很想过去问候几句，但是"谄媚""献殷勤"这些思想马上又紧紧缠住了他。正在他犹豫不决的时候，另一个同事已经问出口了："最近身体不好吗？"副总答道："老毛病了，一喝酒就会这样，但是我们的工作就是这样，没办法。"后来两人开始聊起家常，杨玺几次想参与到话题中去，但又觉得他们有交情，自己一个新来的，这样搞得自己像要巴结副总一样，所以一路沉默着回到了公司。

一周后，副总召集大家开会，会中要他们说说对这次和客户合作的建议。杨玺想到自己是新人，说多错多，再想到前几次和副总尴尬的相处经历，杨玺变得更不知所措了，所以当副总问自己有什么建议时，杨玺犹豫了半天，还是说没有任何建议。最后结果很明显，杨玺被副总踢出了这次项目。

这样的故事、这样的人，其实在我们生活中并不少见，大多数人都觉得这是他们性格不够圆滑、内心想法过多造成的。但事实并非都是如此，杨玺的犹豫不决、心态波动，其实都是因为他的思想被别人有形的、无形的想法给左右了。比如同事的议论、与副总身份的差别，这些都导致了他的犹豫不决。

我们在社会中生活，很难避免陷入议论的漩涡，如果我们总是太过在意别人的想法，太依赖别人的意见，内心不够强大，那么个人的情绪就会很容易随着别人的评价而波动，时间长了，就会失去自我。要想不被别人的想法左右，不活在别人的看法中，就必须有独立的人格，充实自己的内心，只有内心充实了、强大了，人才会变得有主见，活得更自信。

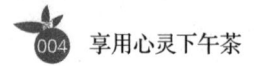

不管是谁，都没有办法陪我们走到最后，所以我们自己的人生还是需要由自己做主。老是陷入别人的思维中，失去对自己人生的话语权，不只会活得很被动，也会活得很累。

放下虚荣心，别死要面子活受罪

爱面子是人的一种天性。爱面子之心，人皆有之，每个人活在这个世界上，都渴望能够得到别人的尊重，都希望自己在别人面前能有面子。但在生活中，许多人为了满足虚荣心，不惜一切代价要面子，其实他们不知道，这是在给自己戴上假面具，套上枷锁，会让自己活得很不真实，也让自己觉得累。面子固然重要，不过完全没必要为了没意义的面子让自己受苦遭罪，顺其自然才是最可贵的。对于我们而言，面子这个东西不能全丢，也不能看得太重，需要视事情的性质来处理面子这个问题，什么面子都不顾可能会众叛亲离，而太在意自己的面子是一种较真、一种固执。人生在世，大可不必为了面子让自己活得那么累，所以，请放掉为了面子的固执吧。

惠心禅师做小沙弥时，皇帝给了他不少赏赐。惠心托人送给母亲，以表孝心。不久，母亲写信来说："你给我的东西，是皇上的赏赐，我当然十分喜欢。但我当初送你学道为僧，是希望你做一个有修有证的禅人，并不希望你一生都在名利场中生活。如果只好世间的虚荣，就是违背了我的心愿。希望你记住什么叫作'真参实学'。"

惠心沙弥收到这封信后，从此立志要做一个真正弘法度众的宗教家，效法《华严经》中的提示，"但愿众生得离苦，不为自己求安乐"，而不再汲汲于名利。

面子是表面的，并没有什么实际的意义，死要面子就是虚荣的表现。

在对待面子的这个问题上，我们一定要学会放下，面子既不能不要，也不能死要面子，让自己活受罪。否则，自认为要了面子，其实往往是丢了面子。丢了面子还算是小事情，让自己白白吃了哑巴亏就太不划算了。

王先生是一个注重面子的人，但聪明的他却懂得在必要时丢掉要面子的坚持与固执。

有天早上他办公室的电话铃响了，一个人急躁不安地在电话里通知他说，王先生给他的工厂运去的一车木材都不合格，他们已停止卸货，要求王先生立即把货从他们的货场运回去。原来在木材卸下1/4时，他们的木材审察员报告说这批木材低于标准，鉴于这种情况，他们拒绝接受木材。王先生立刻动身向那家工厂赶去，一路上想着怎样才能最妥当地应付这种局面。通常，在这情况下他一定会找来判别木材档次的标准规格据理力争，根据自己做了多年木材审察员的经验与知识，力图使对方相信这些木材达到了标准，错的是对方。然而，假如先撇开自己的面子问题，先认同对方的说法，把面子给对方，是不是会好说话一点呢？

王先生赶到场地，看见对方的采购员和审察员已经摆开架势准备吵架。王先生陪他们一起走到卸了一部分的货车旁，询问他们是否可以继续卸货，这样王先生可以看一下情况到底怎样。王先生还让审察员像刚才那样把要退的木材堆在一边，把好的堆在另一边。

看了一会儿王先生就发现，对方审察得过分严格，判错了标准。因为这种木材是白松。而审察员对硬木很内行，却不懂白松木。白松木恰好是王先生的专长。不过王先生一点也没有反对他的木材分类方式。王先生一边观察，一边问了对方几个问题。王先生提问时显得非常友好、合作，并告诉他说他们完全有权把不合格的木材挑出来。这样一来审察员变得热情起来，他们之间的紧张开始消除。渐渐地审察员的态度变了，他终于承认自己对白松木毫无经验，开始对每一块木料重新审察并虚心征求王先生的看法。

王先生虽然看上去失去了面子，却赚了一笔生意，这就是不较真、不固执的好处。俗话说："人争一口气，佛争一炷香。"在中国人的眼里，面子这个东西是非常重要的，它总是与一个人的人格、自尊、荣誉、威信、影响、体面等联系在一起。如果一个人的面子受到损害时，他就会下不来台，就会生气。因为爱面子，也怕丢面子，因此有些人总是千方百计地维护自己的面子，而正是在这一过程当中，他们失去了许多更加有价值的东西。

有时候，较真了面子反而丢掉了里子。面子是表面的，是虚浮的，要面子就是虚荣心的表现，里子是深层的，是实实在在的。面子华而不实，里子却是一个人的根本。里子真实的人，不一定有外表的美，但一定有内心美，最终会得到人们的理解和尊重。一个人假如没有灵魂，那么这个躯壳还有什么用呢？

你永远不可能是这个世界上最优秀的人

一个人如果不相信自己的能力，那他就永远不会是事业上的成功者。某些人的自卑来自不切实际的对比，然而，在我们生活的周围，这样的人还不少。他们发现，自己在很多方面都不如人，比如工作能力不如同事，工资不如同学，孩子没别人的聪明，自己太瘦、太胖或者太矮等，所以他们觉得自己一无是处。其实，你要明白一点，你永远也不可能是这个世界上最优秀的人，所以你不必自卑。每个人都是独一无二的，没有人和你一样，这就好比每一片树叶和每一片雪花都是不同的，你不必与别人一较高下，因为你是独特的。

我们都不可能是十全十美的人，也都不可能"十项全能"，比如，能够唱出动听歌声的人，可能无法在世界级的舞台上翩翩起舞，反之亦然，但这都并不代表谁是低人一等的。所有负面的想法都来自拿别人的标准衡量自己。

自从你来到这个世界上，你就是独特的，你应当为此而雀跃，你应该善于运用自己的天赋。其实，那些所谓的艺术，也都是对自我的一种表现而已，你能唱的、画的也都只有你自己。无论如何，你只有在你生命的舞台上演奏好自己的乐器，才能活得精彩。

在北卡罗来纳州，有个叫艾迪斯·阿尔雷的女士，有一次，她给心理医生写了一封信，信的内容是这样的：

"在很小的时候，我就是一个羞涩、敏感的女孩，我身材肥胖，脸颊上很多肉，这让我显得更臃肿了。我的母亲是个很古板的女人，在她看来，把衣服穿得很贴身是一件愚蠢的事，这样也容易把衣服撑破，所以她一直让我穿那些宽大的衣服。

"我很自卑，从来不敢参加任何朋友的聚会，在我身上也没发生过任何让我开心的事，同学们组织的活动我也不敢参加，甚至就连学校的运动会我也不去。我太害羞了，在我看来，我肯定是与别人不一样的。

"在我成年后，我很顺利地结了婚，我的丈夫比我大几岁，但我还是无法改变自己。我丈夫一家人都很自信，我也一直想要和他们一样，但我根本做不到。他们也曾几次努力想要帮助我，但结果还是未能如愿，我变得更害羞了。我开始紧张、易怒，不敢见任何朋友，甚至门铃一响我就紧张起来，我想我真是没救了。我怕丈夫察觉出来这个糟糕的我，于是尽量装得开心一点，有时候还表现得过了火，因为事情过后我都觉得自己累得虚脱了。最后，我开始怀疑自己是否应该继续活下去，我想到了死亡。"

当然，艾迪斯太太并没有自杀，那么，是什么改变了她的想法呢？只是她偶然听到的一句话。在给心理医生寄来的那封信里，她提到了此事：

"改变我自己和我的生活状态的，只是偶然间我听到的一句话。这天，我和婆婆谈到了教育的问题，她谈到自己的教育方法：'无论我的孩子遇到什么，我都告诉他们要保持自我本色。'

"'保持自我本色。'这简短的一句话就像一道光一样从我的脑海中闪过，我突然发现，原来在我看来所有的不幸都只是因为我把自己放置到某个模式中去了。

"在听到这句话后，我瞬间发生了改变，我开始遵循着这句话生活，我努力认清自己的个性，找到自己的优点，我开始学会如何按照自己的喜好、身材去搭配衣服，以此显示自己的品位。我开始主动走出去交朋友，我加入了一个小团体，每次当大家叫我上台参加某个活动时，我都鼓足勇气。慢慢地我大胆了很多，这是一个长期的过程，但我确实发生了不少的变化。我想，当我以后教育我的子女时，我一定会告诉他们我的这段经历，我希望他们能记住：无论何时，都要保持自我本色。"

威廉·詹姆斯曾说过这样的话："一般人的心智使用率不超过10%，很多人都不了解自己到底还有些什么才能。人们往往对自己设限，因此只运用了自己身心资源的一小部分。实际上，我们拥有的资源很多，但却没有成功地运用。"

好莱坞著名导演山姆·伍德曾说，对于他来说，最头疼的事就是让那些年轻的演员保持自我。他们每个人都想成为翻版的拉娜·特勒或克拉克·盖博，可是观众想要点"新鲜的味道"，而不是那种他们已经"尝过"的。

既然我们有那么多未被开采的潜能，那么，你又何必担心自己不如别人呢？你要明白，在这个世界上，不会有第二个你，现在没有，以后也不会有。这一点，我们能从遗传学书籍中找到证据。我们每个人都从父亲和母亲那各继承了23条染色体，决定我们遗传的，就是这46条染色体。每一条染色体中，还有数百个基因，任何一个单一的基因都可能影响甚至改变我们的一生。众多的基因型组合决定了每个人都有着不同的表现型，甚至同卵双胞胎也表现出不同的特性。

爱默生在他的短文《自我信赖》中说过这样一段话："无论是谁，总有一天，他会明白，嫉妒是毫无用处的，而模仿他人简直就是自杀，因为无论好坏，能帮助我们的，只有我们自己。一个人只有耕好自己的一亩三分地，才能收获自家的粮食；你自身的某种能力是独一无二的，只有当你努力尝试和运用它时，你才能真正感受到这份能力是什么，也才能体味它的神奇。"

不断地激励自己，让自己坚持成长

这个世界从来不是温柔的，也许我们把一切想象得很美好，但是实际上，世界却粗暴地回应我们。还有很多人总是过高地评价自己，妄自尊大，却不知道自己已经贻笑大方。与他们恰恰相反，也有些人总是妄自菲薄，总觉得自己每个方面都不够好，因而自轻自贱，在面对人生的时候，未免就先胆怯了三分，再也不敢理直气壮地说话做事了。

常言道，人生不如意十之八九，没有任何人的人生是一帆风顺的。尤其是在遭遇人生磨难时，人们更觉得内心焦虑不安，甚至情不自禁怀疑自己。其实，这并不是面对自己的最好姿态和态度。不管什么时候，唯有相信自己，悦纳自己，我们才能坦然接受自己，也不至于因为对自己不满意而懊恼。众所周知，身体发肤皆受之父母，一个人没有办法选择自己的出身，包括出生在什么家庭中、拥有怎样的父母，这一切都是命运的安排，无法选择。然而，既然拥有生命，我们就应该努力掌握命运，才能成就自己，遇见最好的自己。哪怕失败了、跌倒了，我们也要勇往直前，爬起来继续前行。

没有人生而十全十美，唯有不断地激励自己，让自己坚持成长，改变人生的缺陷，才能持续提升和完善自己，也才能给予自己最美好的未来。所以任何时候都不要抱怨，决定你能否成功的最主要因素并不是先天条件，而是你后天的努力。

人生的很多转折点，并非出现在重要的时刻，而有可能出现在很多看似漫不经心的时候。所以对于人生，我们要始终保持认真和谨慎，既不要轻易改变人生的轨迹，也不要畏惧人生中的改变。记住，当你勇敢面对人生，接纳命运的安排，你就会有不一样的收获。而要做到这一切，最重要的是做到相信自己。

现实生活中，有太多人不相信自己。他们不但对自己的容貌和长相不满意，而且对于自己的能力也持有怀疑的态度。试问，如果一个人自己都不相信自己，那么他还能指望谁相信他呢？由此可见，自信是赢得他人信任的第一步。

当怀疑自己的时候，我们一定要说服自己、接纳自己、相信自己。很多人觉得自己的人生中有太多的失败，也有太多的不确定性，因此感到不自信。然而，失败和不确定，并不是让我们彻底怀疑人生的充分理由，因为大多数人的人生都有失败之处，都是不确定的。面对人生，最好的办法是以静制动，以不变应万变。就像很多朋友喜欢看武侠小说，那么一定知道那些绝世高手实际上并没有太多花哨的招数，相反，他们能够把招式化繁为简，最终看似迟钝地做出一个动作，却能战胜敌人，也让自己获得成功。这不仅是武术之道，也是人生之道。真正领悟了这个道理，我们对待人生就会更加轻松，也会拥有更高的效率。所以，朋友们，请一定记住这个道理：相信自己，才能遇见最好的自己。你，给予自己足够的信任和托付了吗？

别跟自己过不去，你不必活在别人眼里

我们都知道，我们所生活的社会是一个讲究包装的社会。在这样的环境中，一些人"把自己摆错了位置"，总要按照一个不切实际的计划生活，总是希望自己能成为他人眼中完美的人。于是，他们总是跟自己过不去，整天郁闷不乐。而快乐的人之所以快乐，就是因为他们能正确地认识自己，从而摆正自己的心态，他们懂得享受生活，懂得把握当下。事实上，只要每天做自己喜欢的事情，不在乎表面上的虚荣，凡事淡然、不苛求，那么快乐、幸福就会常伴我们左右。

很多时候，我们会特别羡慕那种有所谓的"好人缘"的人，似乎每个人都能与他聊到一块儿去，他说的每一句话、做的每一件事，都是以大家的眼光为标准的。在公司，上司说这个方案不行，他一句话不说，马上改成了上司喜欢的方案；挑剔的同事说，你今天的打扮好像不太和谐，第二天，他就真的换了一套同事欣赏的衣服；在家里，爸妈说他的新恋人没有固定的工作，他就真的决定与对方分手，重新找一个能让父母觉得满意的人。他们看似活得很"标准"，实际上却不过是因为太在意别人的目光而讨好身边的人而已。

卡内基说："你见过一匹马闷闷不乐吗？见过一只鸟儿忧郁不堪吗？之所以马和鸟儿不会郁闷，是因为它们没那么在乎别的马、别的鸟儿的看法。"生活中，许多人太在意别人的目光而失去了自我，这简直是得不偿失。当然，我们作为社会人，生活在各种各样的关系中，完全不在意别人

的目光是不可能的。事实上，我们对自己的评价，很多时候是需要借助别人对我们的看法而做出的。

因此，对于别人的目光，我们需要考虑，但不必过分注重，否则，你就会感觉到自己活得很累。你总是在想别人是怎么看待自己的，你总是通过别人的目光来修正自己，到最后，你会完全失去自我，从而变成一个别人目光中的自己。更为严重的是，你将变得闷闷不乐、忧虑不堪，你将完全失去应有的轻松与快乐。

在生活中，不管是一个什么样的人，不管这个人做不做事，是少做事还是多做事，做的是什么事，他都会招来别人的看法和评价。而对于那些目光和议论，有的人会把它们作为自己行动的标准，这样所导致的结果是，他们在做事情时畏首畏尾，把自己搞得很紧张，好像自己在为别人而活似的。

其实，你根本没有必要这样，因为我们既不是演员，也不是明星，我们只需要过好自己的生活，又何必苛责自己，活成别人希望的样子呢？

你只管努力,剩下的交给时间

现实生活中,很多人都喜欢给自己的努力设置界限。例如,喜爱文学的人总是想知道,自己到底要看多少本书,才能把文字运用得非常纯熟,做到意到笔随;医学院的学生想知道,到底要学几年,才能真正给病患诊治;学民族舞蹈的人想知道,自己未来哪一天才能成为下一个杨丽萍。不得不说,这样的询问和探究,多多少少还是带着些投机取巧的感觉。归根结底,努力是没有界限的,也或者可以说,努力的界限不能以任何形式量化,而只能在努力达到应该达到的程度时,才能水到渠成、顺理成章地获得成功。

你只要告诉自己:一个人只管努力,命运会做出最好的安排。除了这个回答,似乎再也没有其他回答可以应对关于努力的尴尬问题。人们为什么如此迫不及待想要找到努力的分界线呢,是因为每个人都不希望自己的努力最终竹篮打水一场空,是因为每个人都希望自己的努力能够得到回报。的确,生活中有太多人一直努力,却没有得到梦寐以求的结果,也有一些幸运的人,稍微努力一下,就能得到命运的偏爱。这是残酷的事实,但是我们必须牢记的是,生活中不要有太强的功利心。要知道,如果我们过分强调结果,不愿意为了过程付出,那么我们就无法得到好的结果。

越努力越幸运,这句话很有道理。因为当我们的眼睛只盯着结果,我们的目光就会被局限,只能看到那唯一的可能性,甚至为此在付出的时候斤斤计较,始终在心里打着小算盘,计算付出和回报的关系。在这种情况下，我们的眼光迷离、内心惶惑，甚至一旦觉得付出之后得不到预期的回报，就会因此而打起退堂鼓，不愿意继续付出。殊不知，飞蛾扑火的热情固然会带来毁灭的结果，但是有的时候，我们真的需要那种决绝的勇气。否则，我们不可能等到那"柳暗花明又一村"的机会。记住，条条大路通罗马，任何事情都不会只有唯一的结局。当我们集中所有的时间和精力，鼓起百倍的勇气对着人生的薄弱点发起攻击，我们甚至会爆发出让人震惊的力量。

自从大学毕业后，因为工作清闲，小马就开通了公众号，开始写一些对于职场的感悟。原本，朋友们看到他空闲时间也不休息，而是倒腾公众号，辛辛苦苦地码字，都觉得很不理解，因而纷纷劝说小马人生得意须尽欢，不要白白浪费宝贵的青春年华。然而，小马却不以为然，他就把公众号当成日记，每当心中有波澜的时候，他就会努力去写，也深入反思和总结自己的生活与工作。

转眼之间，5年的时间过去了，小马的公众号有了很多粉丝。居然有广告商找到小马，想在小马的公众号上挂出广告。小马此前并没有想到公众号居然能够为自己创收，然而当听到广告商报出来的价格之后，小马怦然心动。一行的广告，挂在醒目的位置，广告商愿意为此付他每个月一千元钱。如果多这样的几条广告，岂不是相当于在海淀区有套小房子出租吗？此后，小马更加用功地发表公众号文章。果不其然，广告商接踵而至，小马暗自高兴。后来，他积攒了首付买了房子，月供只需要广告费就能支付了。朋友们看到小马的生活过得惬意，得知小马的收入来源，不由得纷纷后悔自己错过了5年的时光。有些朋友当机立断也开通了公众号，却发现坚持并不是一件容易的事情。轻易放弃的他们，再也不觉得小马的广告费是随随便便就能得到的了。

人们常说，十年磨一剑，对于小马来说，是五年磨一剑。自从大学毕业开始,他利用工作之余的休息时间,居然能够为自己开创这样的一个园地,创造这么大的收益,不得不说,这是小马的坚持付出得到的回报。面对朋友们的劝说,小马始终不为所动,坚持更新公众号,所以才能以粉丝铸就自己的力量。

人生中的大多数时候,我们的确需要目标明确,奔向彼岸。然而有些时候,我们却要忘记目标,也忘记结局,这样才能在拐弯处趁机超越他人,最终成就自己。记住,人生没有回头路,唯有坚定不移地努力向前,我们才能不因为目标而局限自己,反而无所畏惧,奋勇向前,与生命中最美好的际遇相遇。

第 02 章

为心灵做减法，人生没有什么非得到不可

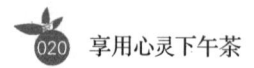

你不幸福，是因为你按照别人的定义生活

生活中，有的人之所以活得痛苦，那是因为他追求了错误的东西，错把别人的生活当作自己的幸福，错把金钱、权利当作自己的幸福。在他们的眼里，有了房子才有安全感，于是就为了别人所定义的"安全感"背上了几十年的债务，节衣缩食，心不甘、情不愿地当起了房奴；在他们眼里，在高级餐厅里约会才是最浪漫的，于是就将这当成一种美好生活的向往，宁愿吃方便面也要勒紧裤带去潇洒一次；在他们眼里，没去过健身房就不够时尚前卫，于是就赶紧去健身房报名，学那些自己并不感兴趣的课程，只是为了达到别人所定义的"幸福生活"。但那些生活真的属于自己吗？为什么即便我们达到了这样的生活标准却还是不快乐呢？究其原因，在于我们与自己较真，总是一味地追求那些不属于自己的错误的东西，就好像我们穿着不合适的衣服，不是嫌太大，就是嫌太难看。

从前，有个百万富翁，每天让他劳神费心的事情跟他拥有的财富一样多。所以，他每天都愁眉紧锁，难得有个笑脸。

百万富翁的隔壁，住着磨豆腐的小两口。曾有谚语说，人生三大苦，打铁、撑船、磨豆腐。但磨豆腐的这小两口却乐在其中，一天到晚歌声、笑声、逗乐声不断地传到百万富翁的家里。百万富翁的夫人问老公："我们有这么多钱，怎么还不如隔壁家磨豆腐的小两口快乐呢？"百万富翁说："这有什么，我让他们明天就笑不出来。"

到了晚上，百万富翁隔着墙扔了一锭金元宝过去。第二天，磨豆腐的

第02章　为心灵做减法，人生没有什么非得到不可

小两口果然鸦雀无声。原来这小两口正在合计呢！他们捡到了"天下掉下来的"金元宝后，觉得自己发财了，磨豆腐这种又苦又累的活儿以后是不能再做了。可是，做生意吧，赔了怎么办；不做生意吧，总有坐吃山空的一天。丈夫心里还想，生意要是做大了，是该讨房小的呢还是该休了现在这个黄脸婆；妻子则在琢磨，早知道能发财，当初就不该嫁给这臭磨豆腐的。寻思呀，琢磨呀，之前快乐得很的小两口现在谁也没有心思说笑了，烦恼已经开始占据他们的心。更令小两口痛苦的是，为什么天上不能多掉几个金元宝呢，这样就能想买什么就买什么了！

人之所以痛苦，在于追求了错误的东西；人之所以烦恼，在于对生活舍本逐末。诸如财富、地位、名利，这些让许多人欲罢不能的东西，实际上只是生活的装饰、生活的虚相而已，并不是生活本身。遗憾的是，许多人把生活的重点放错了，忘记了此生的目的，把心思都放在了追求错误的东西上，那么自然无法避免痛苦。

一只来自城里的老鼠和一只来自乡下的老鼠是好朋友。有一天，乡下老鼠写信给城里的老鼠说："希望您能在丰收的季节到我的家里做客。"城里的老鼠接到信之后，高兴极了，便在约定的日子动身前往乡下。到了那里之后，乡下老鼠很热情，拿出了很多大麦和小麦，请城里的好朋友享用。看到这些平常的东西，城里的老鼠不以为然："你这样的生活太乏味了！还是到我家里去玩吧，我会拿很多美味佳肴好好招待你的。"听到这样的邀请，乡下老鼠动心了，就跟着城里老鼠进城去了。

到了城里，乡下老鼠大开了眼界，城里有好多豪华、干净、冬暖夏凉的房子，看到这样的生活，它非常羡慕，想到自己在乡下从早到晚，都在农田上奔跑，看到的除了泥土还是泥土，冬天还要在那么寒冷的雪地上搜集粮食，夏天更是热得难受，跟城里老鼠比起来，自己真是太不幸了。

可是，到了家里，它们刚爬到餐桌上享用各种美味可口的食物，突然

"咣"的一声，门开了。两只老鼠吓了一跳，飞也似的躲进墙角的洞里，连大气也不敢出。乡下老鼠看到这样的场景，想了一会儿，对城里老鼠说："老兄，你每天活得这样辛苦简直太可怜了，我想还是乡下平静的生活比较好。"说罢，乡下老鼠就离开城市回乡下去了。

我们的生活是自己过，而不是给别人看，别人生活的标准并一定就真的适合自己。因为生活的幸福和快乐是属于自己内心的一种感觉，如果只是迎合别人的取向，难免会苦了自己。那些苦苦追求不属于自己生活的人，他们与自己的心灵对峙着，换而言之，他们总是与自己较真，越是不属于自己的，越是想要去尝试，在羡慕嫉妒的过程中，他们浑然忘记了自己原本美好的生活，而是将别人的生活当成是自己生活的标准。

我们总是向往着这样的生活：条件优秀的伴侣、可爱的孩子、宽大的房子、豪华的轿车、稳定的工作。在我们看来，似乎这样的生活才是最幸福快乐的，但这样的生活适合自己吗？较真，有时候就是自己的外在与内心对峙，明明是心里不喜欢的，但却为了迎合别人的眼光，而刻意将自己的生活变得乱七八糟。所以，请放下对别人生活羡慕嫉妒的眼光，放下内心的固执与较真，学会享受生活所带来的快乐与宁静。

不要为不值得的事情浪费时间

不值得定律是一种常见的心理现象，能最直观表现不值得定律的就是：这件事不值得去做，也就不需要做好。这一定律反映的是人们这样一种心理，一个人若是从事了一份自以为不值得的工作，就会容易产生敷衍塞责的态度，对该工作冷嘲热讽。如此一来，成功率极低，即使成功了，也不会产生多少成就感。因此，对个人而言，若是你的工作不具有"值得做"的三项因素，那么就该思考一下是否要换一份工作了。

刘能是毕业于计算机专业的硕士生，在一家大型软件公司工作。工作没过多久，就因为专业技术过人，工作能力出色，替公司研发出一套大型财务管理软件，受到领导的肯定与同事的称赞，去年还被提升为开发部经理。他不仅精通技术，还受到下属的信任与尊敬，开发部在他的带领下成绩斐然。公司老总觉得刘能很有能力，将其提升至总经办，负责整个公司的管理工作。受到任命的刘能并没有多么开心，因为他深知自己擅长的方面是技术而不是管理，如果纯粹做管理，不仅无法发挥自己的特长，还会荒废了自己的专业，特别重要的是，他自身并不喜欢做管理。但是，碍于领导的面子和权威，刘能最终接受了这项对他来说并不值得去做的事。

果不其然，接下来的一个月中，虽然刘能也付出了很多心血，但是结果还是令人大为失望。公司也开始给他增加压力，如此一来，刘能不仅感觉工作非常压抑，没有乐趣，还更加讨厌自己的职位和工作内容，甚至想要辞职。

在职场中，每个人大部分的精力都消耗在和工作相关的事上面，若是将大量的时间浪费在一件不值得做的事上，那么工作只怕是要成为一件苦差事了。因此，只有选择你喜欢的，并且喜欢你选择的，才有可能激发自身的奋斗之心，也才有可能做到心安理得。这正是不值得定律给予我们的启示：不要选择不值得做的事，选择了值得做的事后就一定要把它做好。

那么究竟什么才是值得去做的事呢？那就是符合自身的价值观，适合自己的气质与个性，并且可以让我们看到希望的事，这才是值得我们去奋斗的事。

在画家牟利罗所画的《天使的厨房》中：在修道院中，几名天使正在辛勤工作着，其中一个架上水壶准备烧水，另一个提起水桶，还有一个穿着厨师的衣服，正准备伸手够盘子……这样的事看起来单调，但是天使们做得悠闲自在，因为在他们眼中，这就是值得去做的事，因此他们可以全神贯注地把这些事做好。

牟利罗告诉我们，工作是否单调，全都是由我们工作时的心情来决定的。就像我们从外面观察一间破旧的小房子，窗户可能早就残破不堪了，门也可能失去了光彩，但是，如果你推开门走进屋子，兴许看见的就是另一幅光景——温暖的家。工作也是这样，当你置身其中的时候，才有可能体味到其中的趣味和意义。

但是，在现实生活中，很多人都无法避免地会遇见这样残酷的事实：就算是不喜欢的工作，也得长期坚持，努力工作，因为自身无法改变。在这种情况下，我们也需要调节自己的心态，将其当作一件值得去做的事情，不然这份工作日后也将成为我们的心理负担，长此以往，势必使人心情抑郁，导致身心俱疲。

若真的是这样的情况，何不用恋爱的心情来面对我们的工作呢？不光是选择自己喜欢的，忠于心中所爱，更要在坚持的道路上用心经营，如此一来，爱情才能够长久。用这样的心境面对自己的工作，才有可能在工作里面有所收获。也就是说，不管是什么工作，只要摆到了你的面前都值得你用心对待，有了这种心态，你才能无往不利。

不为不值得的事情浪费时间，不是让你选择逃避，而是希望每个人都能直面现实，该放弃的时候果断选择放弃，而不是被不值得的事绊住脚步，然后裹足不前，失去了往前发展的机会。

潇洒于世，心中不为小事负累

生活中，有许多这样的人，他们往往能勇敢地面对生活中的艰难险阻，却被小事情搞得灰头土脸、垂头丧气。其实，生活在这个世界，每天我们所遭遇的琐碎小事可以说是不胜枚举，如果我们总是较真，总是为那些眼前的小事烦恼，那我们将整日郁郁寡欢。太过较真，犹如握得僵紧顽固的拳头，失去了松懈的自在和超脱。生命就是一种缘，是一种必然与偶然互为表里的机缘，有时候命运偏偏喜欢与人作对，你越是较真去追逐一种东西，它越是想方设法不让你如愿以偿。

这时那些习惯于较真的人往往不能自拔，仿佛脑子里缠了一团毛线，越想越乱，他们陷在了自己挖的陷阱里；而那些不较真的人则明白知足常乐的道理，他们会顺其自然，而不会为眼前的事情所烦恼。在山坡上有棵大树，岁月不曾使它枯萎，闪电不曾将它击倒，狂风暴雨不曾把它动摇，但最后却被一群小甲虫的持续咬噬给毁掉了。这就好像在生活中，人们不曾被大石头绊倒，却因小石头而摔了一跤。

"二战"后，一位名叫罗伯特·摩尔的美国人在他的回忆录里写下了这样一件事：

那是1945年3月的一天，我和我的战友在潜水艇里执行任务。忽然，我们从雷达上发现一支日军舰队朝着我们开来。几分钟后，6枚深水炸弹在我们潜水艇的四周炸开，把我们直压到海底280英尺的地方。尽管如此，疯狂的日军仍不肯罢休，他们不停地投下深水炸弹，整整持续了15个小时。在这个过程中，有十几枚炸弹就在离我们几十英尺左右的地方爆炸。倘若再近一点的话，我们的潜艇一定会炸出一个洞来，我们也就永远葬身太平洋了。

当时，我和所有的战友一样，静躺在自己的床上，保持镇定。我甚至吓得不知如何呼吸了，脑子里仿佛蹿出一个魔鬼，它不停地对我说：这下死定了，这下死定了。因为关闭了制冷系统，潜水艇内的温度达到40℃，可是我却害怕得全身发冷，一阵阵冒虚汗。15个小时之后，攻击停止了，那艘布雷舰在用光了所有的炸弹后开走了。

我感觉这15个小时好像有15年那么漫长，我过去的生活一一浮现在我眼前，那些曾经让我烦恼过的事情更是清晰地浮现在我的脑海中——爸爸把那个不错的闹钟给了哥哥而没给我，我因此几天不跟爸爸说话；结婚后，我没钱买汽车，没钱给妻子买好衣服，我们经常为了一点芝麻小事而吵架。

但是，这些当时很令人发愁的事情，在深水炸弹威胁我的生命时，都显得那么荒谬、渺小。当时，我就对自己发誓，如果我还有机会重见天日的话，我将永远不再计较那些眼前的小事了。

做人要潇洒点，不要总是为眼前的小事而烦恼，如此简单浅显的道理，我们却始终不能明白。有些事情在我们经历时总也想不通，直到生命快到尽头时才恍然大悟，如果上帝不再给我们一次机会，那岂不是成了永远的遗憾。

可能，生活中的我们总为眼前的事情而发愁，可能是没钱买房子，可能是没钱买车，可能是没钱给自己和亲人买好看的衣服，但这些事情总会成为过去。正如"面包会有的，牛奶会有的"，一切总会好起来的，有这样良好的心态，何必还与自己较真呢？

在这短暂的人生中，记住不要浪费时间去为眼前的事情而烦恼，虽然我们无法选择自己的老板、无法选择自己的出身，无法选择自己的机会，但我们可以选择看待问题的心态。凡事看得开、看得透、看得远，我们就能赢得一份好心情。

少一分对名利的贪恋，多一分内心的坦然

人生之名利如猛兽，生不带来，死也带不走，看透说不透才是真正的智者。佛家说："打透生死关，生来也罢，死来也罢，参破名利场，得了也好，失了也好。"名利，说白了，不过是身外之物。一个人越是长大，他追逐名利的思想就越厉害。从古至今，人们无时无刻不在为名利而追逐，尔虞我诈，不惜血本，有的甚至以牺牲生命为代价，有的人为了一时既得的利益，竟然违背自己的良心，这种对名利的追逐其实就是一种人生的痛苦与悲哀。佛家说，假如真的能看透生与死，那也就看透了人们的生死虚妄。

于连出生在小城维立叶尔郊区的一个锯木厂家庭，从小身体瘦弱，在家中被看成是"不会挣钱"的不中用的人，因此经常遭到父兄的打骂和奚落。卑贱的出生使他常常受到社会的歧视，但从小他就聪明好学，在一位拿破仑时代老军医的影响下，于连开始崇拜拿破仑，幻想着通过"入军界、穿军装、走一条红"的道路来建功立业、飞黄腾达。

在14岁时，于连想借助革命建功立业的幻想破灭了。这时他不得不选择"黑"的道路，幻想进入修道院，穿起教士黑袍，希望自己成为一名"年俸十万法郎的大主教"。18岁时，于连到了市长家中担任家庭教师，而市长只将他看成是拿工钱的奴仆。在名利的诱惑下，他开始接触市长夫人，并成为了市长夫人的情人。

后来，与市长夫人的关系暴露之后，他进入了贝尚松神学院，投奔了

院长，当上了神学院的讲师。后因教会内部的派系斗争，彼拉院长被排挤出神学院，于连只得随彼拉去了巴黎，当上了极端保皇党领袖木尔侯爵的私人秘书。他因沉静、聪明和善于谄媚，得到了木尔侯爵的器重，以渊博的学识与优雅的气质，又赢得了侯爵女儿玛蒂尔小姐的爱慕，尽管不爱玛蒂尔，但他为了抓住这块实现野心的跳板，竟使用诡计占有了她。得知女儿已经怀孕后，侯爵不得不同意这门婚事。于连因此获得一个骑士称号、一份田产和一个骠骑兵中尉的军衔。于连通过虚伪的手段获得了暂时的成功。但是，尽管他为了跻身上层社会用尽心机，不择手段，然而最终功亏一篑，付出了生命的代价。

有人说，于连身上有着两面性的性格特征。于连最后在狱中也承认自己的身上实际有两个我：一个我是"追逐耀眼的东西"，另一个我则表现出"质朴的品质"。在追逐名利的过程中，真实的于连与虚伪的于连互相争斗，当然，他本人内心也是异常痛苦的。最终，因不断地追求名利，他心力交瘁。

陶渊明是东晋后期的大诗人、文学家，他的曾祖父陶侃是赫赫有名的东晋大司马、开国功臣；祖父陶茂、父亲陶逸都做过太守。

到了东晋末期，朝政日益腐败，官场黑暗。陶渊明生性淡泊，在家境贫困、入不敷出的情况下仍然坚持读书作诗。他关心百姓疾苦，怀着"大济苍生"的愿望，出任江州祭酒。由于看不惯官场上的那一套恶劣作风，不久就辞职回家了，随后州里又来召他做主簿，他也辞谢了。后来，他陆续做过一些官职，但由于淡泊功名，为官清正，不愿与腐败官场同流合污，而过着时隐时仕的生活。

陶渊明最后一次做官那一年，已过"不惑之年"的陶渊明在朋友的劝说下，再次出任彭泽县令。到任八十一天，碰到浔阳郡派遣督邮来检查公务，浔阳郡的督邮刘云，以凶狠贪婪远近闻名，每年两次以巡视为名向辖县索要贿赂，每次都是满载而归，否则就栽赃陷害县令们。县吏说："当束带迎之。"就是应当穿戴整齐、备好礼品、恭恭敬敬地去迎接督邮。陶渊明叹道："我岂能为五斗米向乡里小儿折腰。"意思是我怎能为了县令的五斗薪俸，就低声下气去向这些小人献殷勤。说完，他挂冠而去，辞职归乡。此后，他一面读书为文，一面躬耕陇亩。

正所谓"一语天然万古新，豪华落尽见真淳"。陶渊明不为"五斗米折腰"的气节，更是不断鼓励着后代人要以天下苍生为重，以节义贞操为重，不趋炎附势，保持善良纯真的本性，不为世上任何名利浮华所改变。

具体来说，我们应该这样做：

1. 克制自己对名利的欲望

人们对来自他人的奴役，都能够保持高度的警惕，而对来自自身欲望的奴役，往往难以保持足够的警惕。对名利的追逐使得我们的人生就好像一场战争。不断地追名逐利，结果一辈子深陷名利的漩涡的例子不胜枚举。

2. 不要渴求名利带来的优越感

每个人在内心深处，都对名利有着一定的渴求。很多时候，一旦自己对名利的渴求得不到回应，人们便会灰心丧气，觉得人生无望了。其实，这只是一种私心，他只是在计较自己不能获得名利带来的虚荣感而已。

3. 不为名利折腰

古人云："志不行，顾禄位如锱铢；道不同，视富贵如土芥。"名利不过如敝屣，人应弃之。三国时名动天下的诸葛亮于《诫子书》中写道："非淡泊无以明志，非宁静无以致远。"。由此可见越是追名逐利者，愈发不能如愿以偿。把名利看淡些，不为名利而折腰，你会发现自己离目标会近些，看得淡名利的人往往会更容易实现梦想。

4. 简单快乐就好

面对繁杂纷乱的现实社会，有谁能做到真正意义上的宁静淡泊呢？难道我们就应该为名利而穷尽一生？如果运气可以，我们最后会名利双收，但我们的生命已经接近尾声了，这样的人生有什么意义呢？所以，与其为无穷的名利斗争而痛苦，不如活得简单一点，这样生活才会给予我们更多的快乐。

　　一个人，得名利时，如果十分欣喜，那就是一种生，也是一种死；一个人，失去名利时，如果痛苦万分，同样也是一种生，也是一种死。追逐和争夺名利的人，他们永远会在名利的挣扎中痛苦着、流转着。

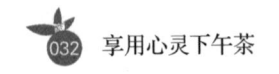

平衡内心，绝对的公平根本不存在

比尔·盖茨说："社会是不公平的，我们要试着接受它。"在这个世界没有绝对的公平，假如真的绝对公平了，反而会是另外一种不公平。一个人从呱呱坠地起，就会遇到很多的不公平，有可能是出生背景不同、家庭关系不同、受教育程度不同，这些对我们而言都是一种不公平。面对这样的情况，如果我们处处较真，抱怨上天对我们的不公平，那只会让自己陷入一个痛苦的怪圈。最让我们感到心里不平衡的，是从前跟我们在一个水平线上的人，突然之间变得不一样了，一起工作他却升职加薪了，一起做生意他却发财了。别人做事情总是处处顺利，而自己则是处处碰壁。

在这个世界上，从来都是一分耕耘，一分收获，有所失才会有所获得，只有有了对生活、对工作的付出，才有可能得到期望的回报。在生活中，有的人比较幸运，他可以利用身边可以利用的一切资源，很快地过上令人羡慕的生活，而一无所有的人，需要认清生活中存在的不公平，把自己的劣势变成自己努力奋斗的动力，发挥自己的长处，寻找机会，坚持自己想干的事情，这样才可以扭转我们所认为的不公平。

有这样两个渔人，一起出去捕鱼。

他们来到河边，两人捕了很多的鱼。在分鱼的时候，两人发生了争执，都说自己分少了，对方分多了。没有办法，他们决定在河边挖一个水坑，暂时把鱼放在里面，回家去拿秤来重新分配。可是等他们回来的时候，水坑里的鱼却早已经从里面跳出来，游进了河里。他们感到十分懊恼，互相埋怨对方。

在这时，他们听见了野鸭的叫声，决定去捕野鸭。正当他们接近野鸭准备射击的时候，其中一个人说："先别忙，咱们先说好野鸭怎么分配，免得又让野鸭跑了。"于是，两人为分配的事情又争吵了起来，他们争吵的声音惊动了野鸭，野鸭马上就飞走了，可两人仍在那里争吵不休。

在生活中，我们经常也会遇到这样的事情，本来彼此之间合作得很好，但双方都在计较公平分配，结果，已经到手的利益成为了竹篮打水一场空，谁也没拿到好处。经常会有这样一些人，当事情还没办成的时候，就为了计较彼此之间的公平而在分配上争吵，而争吵的结果就是所办的事情不了了之。其实，在许多小事情上，绝不能拘泥于绝对的公平，因为绝对的公平是不存在的。重要的是，我们要善于从长远利益出发，所谓小不忍则乱大谋，切忌处处较真，斤斤计较。

1. 改变不了现实，就改变自己

虽然，社会提倡伸张正义、主持公道，那些政治家们在每一篇竞选演讲中也会慷慨陈词："让每一个人都得到平等与公平的待遇。"但是，日复一日、年复一年，一个世纪过去了，我们也无法真正地消除世界上那些不公平的现象。实际上，从人类有史以来，这些现象就从来没有消失过，贫困、战争、犯罪等各种社会弊病一代代延续着，甚至愈演愈烈。我们应该明白，这些不公平现象的存在是必然的，当我们无法改变这一切的时候，我们可以努力改变自己，不让自己陷入一种惰性，并用自己的智慧去努力争取。

2. 别抱怨不公平

在生活与工作中，经常可以听到有人这样发泄："这简直太不公平了！"这是一种经常可以听见的抱怨，当我们感到某件事不公平的时候，必然会把自己同另外一个人或另外一群人进行比较，我们会想：他比我得到的多，这就很不公平。其实你越是这样较真，你就越是觉得自己是最委屈的。

3. 只求心灵的平衡

凡事只要我们无悔地付出，至于结果怎么样，不要太在意，我们只求自己心灵的平衡。付出过、努力过、拼搏过，那就无怨无悔。对于生活中的许多事情，不要太去计较不公平的待遇，而只求得内心的安慰就可以了，这样我们才无愧于心。

4. 得之我幸，失之坦然

一个人活着，他就注定了有机遇、有坎坷、有欢乐、有痛苦，即便我们付出了所有的精力和心血，也不一定就能换来公平的待遇。在生活中，有的东西既然别人得到了，我们就不要再去争，这样只是徒劳；假如自己得到了，那就好好珍惜，别人也不能轻易剥夺你的所有。

我们为了生存，不得不每天努力地挣扎着，以争取属于自己的那片天地。但在很多时候，我们努力了，却没有得到期望的结果。这时不要较真，不要哭泣，也不要怨天尤人，我们需要平静地面对这个世界，因为在这个世界没有绝对的公平，我们只求心灵平衡。

一味地攀比，你根本无法体会到快乐

在我们生活的社会，每个人的资源不同、条件不同，工作和生活的水平也不可能一概而论。素质的高低、贫富的落差都会导致有些人对自己的现状不满意。有些人羡慕别人开跑车、住豪宅；有些人羡慕别人工作优越、生活富足。其实，若能将这些"羡慕"转换为生活的动力，那么这些人也将很快改变自己现有的处境。但如果只是一味羡慕别人的生活，自己却没有付出相应的努力，不考虑自己的实际处境而盲目攀比，只会让自己迷失在欲望之林中，找不到出口。

那么要怎么做才能避免盲目攀比呢？我们要懂得珍惜自己已经拥有的，远离虚荣，不要在乎别人的生活，也不要去攀比，尽自己的努力认真过好自己的生活，让每一天都充实而快乐，就能获得幸福的生活。

真正的智者不会一味地拿自己的不足去跟别人比较，他们会在生活中找寻适合自己生存的位置，让自己的优势得到发挥，即使是很小的优点，也能让他收获到成功的喜悦。而以下几个方法，可以帮助我们正确认识虚荣心，并且有效地克服它。

1. 树立正确的人生观

一个人的价值，不取决于他的自我感觉，而取决于他行为的社会意义。一个人，只要树立了正确的人生观，具有远大的人生目标，就不会为一般的荣誉、地位和一时的虚荣所缠绕，而是会为更高的价值努力奉献。

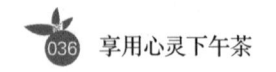

2. 正确对待荣誉

每个人都需要成就、威望、名誉、地位和自尊，但这一切都应当与一个人的真实努力相符。例如，一个学生想取得好的学习成绩，必须自己刻苦努力，认真学习，因为用欺骗的手段赢得的"荣誉"是虚假的，不光彩的。后者不仅得不到别人的尊重，还会受到他人的蔑视和否定。

3. 要有自知之明

我们不仅要看到自己的长处和成绩，也要看到自己的短处和不足。只有对自己采取实事求是的态度，才能避免过高估计自己，从而克服虚荣心理。

4. 正确对待舆论

我们生活在群体之中，总免不了被别人品头论足，但对于舆论，我们要提高辨别的能力，对于正确的应当接受，对于不正确的要予以纠正或分析判断，决不可凡事人云亦云，被舆论左右。

通常情况下，虚荣心会随着人的欲望而不断膨胀，以至于最终控制住人的思想，使人变成欲望的囚徒，再也无法解脱。我们只有能够坚定自己的信念，远离虚荣，才可以去寻找幸福的生活。

第03章

和孤独和平相处,过好当下的每一天

学会和自己相处，孤独才是人生永恒的状态

我们知道，人是群居动物，我们都生活在一定的集体中，任何人的一生，都不可能脱离他人而存在，但是我们又是孤独的。你是否曾有这样的体验：夜深人静时，在我们内心深处，渴望被人理解，渴望被人接纳。但是，相识满天下，知己能几人？谁又能终生陪伴我们呢？的确，在很多时间里，在人群中前拥后抱，热热闹闹，让人误以为这就是生活的常态，其实，孤独才是人生永恒的状态，正如作家饶雪漫曾说的："不要害怕孤独。后来你会发现，人生中有很多美好难忘的时光，大抵都是与自己独处之时。"

的确，不管我们与别人的生活如何交集、交织，我们一辈子中相处得最多的还是自己。所以，任何人都要学会接受孤独，并学会和自己好好相处。

哲人曾说，真正的勇士能享受孤独，这是丰富自我内涵的过程。那些能享受孤独的人，未必会对名牌产品信手拈来，但一定会懂得种好一盆花，会认真读完一本书，懂得煲好一锅汤，会照料受伤的小动物等，而这一切远胜于在饭桌上推杯换盏，在酒吧虚度人生。他们能保持自我，对外界的变化保持坚定的自我认识，并且能专注于自我充实、提升自我。

"每天下班后，我宁愿去图书馆看看书，也不愿意和一群人聚在酒吧。每读一本书，我都能获得不同的知识，有专业技能上的，有人生感悟上的，有风土人情，有幽默智慧，我很享受读书的过程，每次从图书馆出来都已经夜里10点了，走在回家的路上，看着路边安静的一切，风从耳边

吹过，我真正感到了内心的安宁。同事们都说我这人太宅了，但我觉得，我是在享受孤独，内心有书籍陪伴，我从不感到寂寞。"

这是一个懂得与自己相处的人的内心独白。的确，心与书的交流，是一种滋润，也是内省与自察。伴随着感悟与体会，淡淡的喜悦在心头升起，浮荡的灵魂也渐归平静，让自己始终保持着一份纯净而又向上的心态，不失信心地契入现实、介入生活、创造生活。

英国作家汤玛斯说："书籍超越了时间的藩篱，它可以把我们从狭窄的目前，延伸到过去和未来。"的确，书籍记录了太多伟大的思想，在读书的过程中，我们能实现自我提升，我们能探索到很多我们未曾涉及的领域，我们更能从书籍中找到心灵的导师，从而看清自己、走出狭隘，最终实现丰富自我、提升涵养的目的。

的确，人在独处时往往能让心安静下来，让思想尽情地遨游，能思考很多事情，进而能做出最明智的决定，这大概就是独处的妙处。

的确，几乎所有人都在教我们如何合群，如何与别人沟通，却没有人告诉我们孤独才是生命的本质。

然而，城市那么大，扰乱我们心绪的因素太多，对此，我们要懂得调节。可以尝试一下下面的方法。

1. 放空心灵，静思独处

每天，你都要抽点时间让自己独处，学会静心思考，排出心灵的垃圾。这样，每天你都能以全新的心态和精神面貌面对工作和生活，能减轻压力，降低欲望，也能获得更多的机会。

2. 多读书

阅读是独处时的最佳秘方。

3. 学会爱自己，爱自己才能爱他人

多帮助他人，善待自己，也是让自己宁静下来的一种方式。

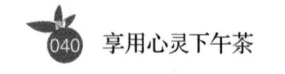

4. 珍惜身边的人

无论你喜不喜欢对方，都不要用语言伤害对方，而应该尽量迂回表达。

5. 情绪不佳时，先尝试让自己安静下来

你可以尝试的方法有很多。例如，去健身房健身，让自己将情绪发泄出来；出去走走，听听自然界的声音。

6. 和自己比较，不和别人争

和他人比较，只会产生嫉妒心，你要相信，你就是你自己，只要你认真努力地去做，你也能实现进步，达成自己的目标。

7. 热爱生命

我们要认识到，每一天都是崭新的，都是充满新鲜血液的，都是阳光的，为此，我们要热爱生命、热爱生活。

8. 坦然面对生活

无论发生什么，我们都要以一颗坦然的心去面对，这样，你的人生会更精彩。

总之，每天保持乐观的心态，如果遇到烦心事，要学会哄自己开心，让自己坚强自信。只有保持良好的心态，才能心情愉快！

可见，学会自我调节，学会享受孤独，学会和自己相处，有一颗平和的心，做好你自己，我们的生活就会更加成熟、更加深沉、更加充实。

静享独处时光，享受简单的快乐

生活中，忙碌的你是否曾有这样的体验：夜晚，奔波了一天的你终于回到家，你脱掉束脚的皮鞋，赤脚踩在地板上，然后走到客厅，倒头躺在沙发上，将双脚任意地放在某一位置，跷起二郎腿，没有人会说你不礼貌、不雅观。随后，你将音响打开，放一首自己最喜欢的轻音乐，白天所有的烦恼都抛到九霄云外，没有上司的唠叨，没有孩子的吵闹，你觉得舒心极了。接下来，你闭上眼睛，从前的旧事一幕幕轮番上演，如电影一般，有那段青涩的初恋，有年少时朋友的嬉闹……此时，你的脸上有温热的液体慢慢滑下，说不清是幸福还是痛苦，但很明显，你已深深陷入记忆迷宫里，由不得自己。

然而，这看似简单的快乐，又有多少城市人能懂得品味呢？不得不说，现代社会，随着生活节奏的加快，竞争的日趋激烈，经济压力逐渐增大，人们穿梭于闹市之间，已经习惯忙碌、灯红酒绿、觥筹交错的生活，以至于在独处时显得内心慌乱、手足无措。而实际上，我们每个人都应该珍惜与自己相处的时间，因为群居得太久，我们很容易忽视自己的内心。

朱自清先生在散文《荷塘月色》中写过这样一段话："我爱热闹，也爱冷静；爱群居，也爱独处。"人在独处之时可以想许多事情，可以不受他物的牵绊，让自己的思想尽情遨游，在深思熟虑中获得生命的体验与感悟。这便是孤独的妙处吧。

刘女士是一家外贸公司的老板，从公司成立到现在已经有3年时间了。

虽然公司已经小有规模，但毕竟是家小公司，很多事还是需要刘女士亲力亲为，大到公司发展规划的制订，小到公司的财务问题。然而，更让刘女士感到心累的是，她几乎每天都要应酬客户，于是，不停地吃饭、喝酒、谈判，让她感到厌烦，甚至说是恐惧。

有一段时间，她的胃病犯了，医生建议她不要在外面吃饭了，于是，她决定给自己放一个星期的假，调理下身体。

这一周，她开车回到了农村的老家。

老家是个静谧的地方，清早起来，她听着潺潺的流水声、空谷中鸟儿的啼叫声，呼吸着新鲜的空气，把那些所谓的客户、订单、酒桌等都抛到脑后。

这一周的生活就像做了一场梦，醒来后，她感到了前所未有的放松。她心想，也许只有独处、寂寞才能让自己的心静下来。

从那以后，刘女士每周都会花上半天时间来自己的"秘密基地"调整一下心情。偶尔，她也会带上自己的好茶，坐在河边，什么都不想，就一个人，什么都不做，她很享受这样的寂寞。

的确，生活中，很多人都和刘女士一样，因为工作、生活，不得不四处奔波，硬着头皮在喧嚣的尘世中闯荡，长时间下来，他们疲惫不堪、精神紧张，却不知如何调节。其实，如果我们能挤出一点时间独处的话，我们的心情就会得到舒缓。

实际上，害怕独处的人，其实是不敢面对真实的自己，而原因则在于其心境狭窄。一个心境开阔的人，必然会因寂寞而更加深刻地反省自身，从而更坚定地成就自身、完善自身。

因此，我们每个人都要珍惜和自己独处的时间，当你独处时，也不要消极和无聊，你完全可以抱着积极的心态去做些事。例如读书，古人云："书中自有黄金屋，书中自有颜如玉。"书籍是人类进步的阶梯，你可以从书中获取知识、增长见识。你可以坐在阳台上，也可以蜷缩在沙发里，随时随地进入书的海洋。

除此之外，你还可以听听音乐、冥想或者写一些文字，以此来洗涤心灵。但无论如何，请不要在寂寞中沉沦。

另外，你还可以专注于手头的工作和学习，你能沉浸在自己的世界中，又怎么会感到孤独呢？

举个很简单的例子，炎炎夏日，农夫想如何把稻子割完，学生一心要读完一本书。他们都是不孤独的，只有无所事事的人，才会觉得内心空虚、寂寞，需要他人陪伴。

耐得住寂寞，才能让事情开花结果

每一个能够成就伟大事业的人，在创业初期，都要经历难熬的孤独，都会倍感辛苦。正因为能耐得住寂寞，他们才能始终不忘初心，坚持梦想，最终获得成功。古今中外，不管是居里夫妇发现镭元素，还是陈景润在哥德巴赫猜想中成就伟大，都是他们耐得住寂寞，认认真真、脚踏实地做学问的结果。他们在反反复复的追问和探求中，不断地接近科学真相，认真把握每一个机会，最终才能提升和完善自己，让自己获得成功。哪怕是遭受质疑，或者受到他人的无端猜忌，他们也从不后悔和畏缩，而是坚定不移地在通往成功的道路上前行。

作为普通人，我们未必会有伟大科学家的成就，但是只要脚踏实地，耐得住寂寞，用心坚持做好每一件事情，就能有所收获，成功地改变人生。近些年来，每到一年结束的时候，中央电视台都会评选感动中国的人物。实际上，那么多感动中国的人物，并非每个人都是大人物，反而有很多人都是小人物。正是因为不断地坚持，从不放弃，他们才能甘于寂寞，也才能耐得住寂寞，最终让人生有所成就。

四川省凉山彝族自治州的王顺友，只是一个普通的邮递员。然而，2007年，他当选全国道德模范，还成了全国劳动模范。这么多年来，他并没有做出什么惊天动地的大事，而是始终坚持从事乡村邮件的投递工作。和很多高大上的工作相比，他的工作无疑是普通而又默默无闻的，与此同时，他的工作也是寂寞的。他始终是一个人和一匹马，驮着沉重的邮包在乡村道路上往返。为了保证大山里的村民能够及时收到邮件，他每个月都会进行两次投递工作，每次往返360千米路。每一次投递邮件，他都需要花费半个月的时间，因为崎岖的山路很难行走，而且要兼顾到路程中的每一个村落。就这样，在22年的时间里，他运送邮件的总路程高达26万公里。仅仅听到这个数字，也许很多人并没有特别的感触，如果说王顺友绕着地球走了整整六圈，或者进行了21次两万五千里的长征，相信很多人都会感到非常震惊。要知道，王顺友工作过程中除了一匹马和沉重的邮包之外，没有任何陪伴。

王顺友所走的是马班邮路，道路情况很恶劣，道路两旁都是崇山峻岭，有的时候，他在短暂的一天时间里就要走过好几个气候带。在半个月一次的投递过程中，他经常需要露宿野兽出没的荒郊野外，难免受到野兽的攻击，或者在行程中受到意外伤害。在一年365天中，王顺友至少有330天都是在路上度过的，而这路远离现代文明，盘旋在深山老林之中。即便如此，王顺友从未要求组织为他调动工作，更没有要求组织提供便利，让他照顾体弱多病的妻子和一对年纪尚小的孩子。每当一个人孤独地行走在深山里的崎岖道路上，王顺友会经常给自己唱歌。不管气候条件多么恶劣，他都能准时把邮件送到老乡们的手中，发挥工作的便利，他还经常向老乡们传递信息，或者为老乡们代购很多深山里不容易买到的稀缺物资。在这样恶劣的环境和条件下，王顺友的准确投递率却高达100%，可以说他在平凡的工作岗位上，做出了不平凡的成绩。

王顺友之所以能够获得成功，感动中国，就是因为他能够在20多年的时间里耐得住寂寞，战胜了各种艰苦的条件和未可知的困难。和王顺友相比，现代社会有太多人都陷入浮躁的心态之中，根本无法控制自己，更不可能掌控人生。他们连一分一秒的寂寞都不能忍受，总是怀着一颗功利之心，追求成功，也时常这山望着那山高，总是改变自己，奔向利益和成功。其实，人的心思如果过于活泛，总是追求不可知的成功，那么就会渐渐地迷失自己，不但耐不住寂寞，甚至连人生的方向都会失去。

　　对于真正的人生强者而言，寂寞不是难以忍受的，而是一种成功路上的修行。滴水石穿，绳锯木断，正是凭着耐得住寂寞的精神，才能把微弱的力量不断地积累起来，最终创造奇迹。每一位有着伟大志向和远大理想的人，都应该摆脱名利的束缚，让浮躁的心渐渐归于平静，这样他们的思想才能在天空中自由自在地翱翔，如同雄鹰一样到达九天云霄，创造人生的奇迹，也为整个世界做出伟大的贡献。在现实生活中，每个人既有顺遂如意的时候，也难免会有遇到各种各样的挫折和磨难的时候。与其一味地沉浸在失败之中不能自拔，不如养精蓄锐，振奋精神，给予人生更多成功的机会和美好的未来。不是在寂寞中死去，就是在寂寞中崛起，如何选择，只在于每个人的心态和是否拥有坚强的毅力。朋友们，努力起来吧，当真正摘取寂寞的果实时，你才会发现曾经默默坚持过的所有岁月都是值得的！

爱你的寂寞，聆听自己内心的声音

我们都知道，人是一种社会性的动物，我们需要与人交往，需要爱与被爱，否则就无法生存。世上没有一个人能够忍受绝对的孤独，但是，绝对不能忍受孤独的人，是一个灵魂空虚的人。有位诗人说过："爱你的寂寞，负担它以悠扬的怨诉给你引来的痛苦。"事实上，我们可能没有认识到的一点是，这种因寂寞而引发的痛苦，恰恰是我们最应该珍视的礼物。当我们独处的时候，我们虽然陷入了孤立的境地，但正因为如此，我们才有机会静下心来思索自己的人生，才有机会聆听自己内心的声音。

挪威航海家弗里德持乔夫·南森说："人生的第一大事是发现自己，因此，人们必须不时孤独和沉思。" 是啊，学会适时独处，你才会发现真正的自我；学会聆听自己的心声，你才能更加从容地上路。

夜幕降临，喧闹的城市也已经安静下来了。

林先生和所有的城市白领一样，在忙完一天后准备回家。时间有点晚了，但心情郁闷的他还是决定去呼吸一下新鲜空气。今天，他和上司吵架了，他们在下半年的年度计划安排上产生了很大的分歧，上司批评了他，他在考虑辞职的事。

他把车停在了护城河边上，接下来，他打开了自己喜欢的轻音乐，然后靠在了椅背上，他觉得自己好累。在这家公司工作5年了，5年来，他一直很努力，但不知道为什么他好像总是得不到上司的肯定，也一直没有得到升职的机会。可以说，他在这家公司一直工作得不开心，这到底是因为

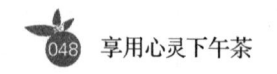

自己的问题，还是因为其他原因呢？

他反复思考着这个问题，最终，他发现，原来自己根本不喜欢这份工作，他一直倾向于设计类的工作，从大学开始，那就是他的职业理想，但毕业后的他因为生计问题选择了现在的工作。

想通了以后，他轻松了很多。第二天，他将辞呈放在了上司的办公桌上，然后离开了公司，这让很多同事感到愕然，但离开的原因只有他自己知道。

这则案例中，林先生为什么作出辞职这个重大决定？因为他静下心后发现，自己的职业理想并不是现在的工作。这就是独处的力量！

的确，我们不是在喧嚣中认识自己，也不是在人群之中认识自己，而恰恰是在寂寞的时刻认识自己，于独居的时刻认识自己，犹如深夜的月光洒落在纯净无瑕的窗户之上。大凡拥有自我的人，都能做到静静地倾听自己内心的声音，以此认识到自己不为人知的另一面，这一面或许是为人处世中的不足或优势，或许是某种特长等，但无论是哪一方面，只要我们能及时探究出来，就有利于自身的发展。

身处闹市中的人是听不到自己心底的声音的。我们不难发现的一点是，我们生活的周围，一些人常把命运交付在别人手上，或者人云亦云、盲目跟风。他们忽视了自己的内在潜力，看不到自身的强大力量，甚至不知道自己到底需要什么，不知道未来的路在哪里。于是，他们浑浑噩噩地度过每一天，一直在从事自己不擅长的工作和事业，以至于一直无所成就。因此，我们要做到的是倾听自己内心的声音，寻找到属于自己的人生意义，然后勇往直前、坚持到底。

任何一个人，只有学会倾听自己内心真正的声音，才可能不断挖掘出自身发展过程中不足的部分。面对激烈的竞争，面对瞬息万变的环境，那些不愿意反省自己或者不愿意及时改正错误的人，必将面临衰败的结局。

在快节奏的信息社会中，一个人如果不能及时察觉自身的缺点，不能用最快的速度修正自己的发展方向，也必然会在学业和事业中落伍，被无情的竞争所淘汰。

在独处时，我们能从人群和烦琐的事务中抽身出来，这时候，我们面对自己，开始了理智与心灵最本真的对话。诚然，与别人谈古论今、闲话家常能帮我们排遣内心的寂寞，但唯有在与自己的心灵对话、感受自己的人生时，才会有真正的心灵感悟。和别人一起游山玩水，那只是旅游；唯有自己独自面对苍茫的群山和大海，才能真正与大自然沟通。

总之，学会和自己独处，心灵才能得到净化。独处是灵魂生长的必要空间，只有静下心来，才能回归自我。心灵有家，生命才有路。只有学会和自己独处，心灵才会洁净，心智才会成熟，心胸才会宽广。

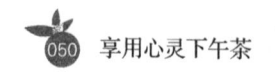

寂寞是心灵成长的必经之路

我们都知道，人的成长都是自我意识逐渐形成和独立的过程，真正的自我会伴随着身体的成长而一同成长。有句话说得好，成长是痛苦的，越长大越孤单，因为成长需要我们从稚嫩的自我中不断剥离。孩童时代，我们成长于父母长辈的庇佑之下，我们完全依赖于家人，不必为衣食住行担忧，我们的自我意识处于懵懂状态，我们可以放声地哭、放声地笑，没有过多的顾虑，更不必掩饰和伪装。因而，童年成了我们生命中最自然、最纯真的年代，童年的经历成了我们一生中最美好的记忆，我们沉浸其中，享受生命的美好，没有什么快乐能够代替童年的欢笑。而随着年龄的成长，我们发现自己与家人、长辈的距离越来越远，我们发现，他们根本无法理解我们。我们逐渐学会隐藏喜怒哀乐，我们发现自己开始孤单起来。再到我们可以独当一面时，我们发现，我们学会了自我保护，我们更感到了寂寞与孤独。

可以说，孤独是成长所带来的不可避免的产物，然而，一些人不愿直视这一点，于是，他们宁愿与一些狐朋狗友，甚至用酒精、药物来麻醉自己，但尽管如此，他们还是感到空虚。

苹果前CEO乔布斯曾经说过："你的时间有限，所以不要为别人而活。不要被教条所限，不要活在别人的观念里，不要让别人的意见左右自己内心的声音。最重要的是，勇敢地去追随自己的心灵和直觉，只有自己的心灵和直觉才知道你自己的真实想法，其他一切都是次要的。"不得不承认，在成长的过程中，我们都强调个性与追求自我，然而，不少人又常常会因为孤单、寂寞而去纠缠别人，似乎只有在和他人相处时才能感受到自我的存在。实际上，这不仅会影响他人的生活，还会加剧损害人与人之间的情感，因为每个人都渴望拥有独立的空间，不希望被打扰。

我们每个人每天都要面临学习和生活的重担，我们总是马不停蹄地奔跑，似乎很少有时间静下心来，思考人生，思考自己。但你立身于尘世中太久，是否经常有种孤独、寂寞、窒息的感觉？你是否并不清楚自己要的到底是什么样的生活？你的心是否曾经被一些自私自利的狭隘思想笼罩过？你是否已经变得人云亦云？于闹市中的我们，要时常安静下来，给自己一段寂寞的时间，这样，我们才能做到独立思考。我们需要养成在独处和寂寞中倾听内心声音的良好习惯。你一个人待着时，你是感到百无聊赖、难以忍受呢，还是感到一种宁静、充实和满足？对于有"自我"的人来说，独处是让内心清静下来的绝好方法，是一种美好的体验，固然寂寞，却有利于我们灵魂的生长。

总之，心灵的成长需要与寂寞为伴，它能带给我们理性、自主和超越，学会与寂寞同行，我们的心才不会迷失，我们才能避免原地踏步，并找到前方的路。

沉默是一种品格，更是一种境界

人都是感性动物，喜欢用语言表达自己，而人们天生的好奇心更是让许多人都喜欢"打破砂锅问到底"。但是言多必失，一个人如果话太多，总是对人喋喋不休，反而会让人心生厌烦，也是一种缺乏自信的表现。因此，我们在学会用语言表达自己的同时，也要学会适当保持沉默。

沉默是一种品格，沉默是一种境界。沉默的力量来源于内心最深处，是没有痕迹的精神修炼，它能让人以更新的视角来探索自己的灵魂深处。但是请不要误解，所谓沉默并不是指在屈辱时默不作声，在失意时浑然入睡。沉默是指说话有度，多用心灵思考，是自我意识觉醒的一个过程。

一位公司老板在接待一位客人时，收到了一份很别致的礼物——3个普通金属做的小人。这位老板不解，询问缘由。

客人从盒中取出3个小人放在桌上，拿出一根稻草。当用稻草穿过第一个小人的左耳，稻草从右耳出来了；当用稻草穿过第二个小人的左耳，稻草从它的嘴里出来了；当用稻草穿过第三个小人的左耳，稻草进了它的肚子不出来了。

这3个小人，代表着生活中3种不同类型的人：

第一种人，生活中没有什么主见，左耳进，右耳出，好像什么都没发生。这种消极的生活态度让他们听不进任何中肯和有建设性的意见，长期生活在自己的固定思维里，不思进取，故步自封。

第二种人，只顾眼前利益，好打听，然后不负责任地乱说。爱八卦，喜欢成为闲谈的主角，不会认真对看到的、听到的事进行分析，只是简单地重复别人说出来的话，该说的、不该说的都无所顾忌地往外说，不仅会让周围的人尴尬，还会引起是非。

第三种人，保持沉默，多听多思考，少说话。因为这世上的很多人很多事光听一面之词并不能完全了解真相。流言止于沉默，但沉默并不意味着消沉，沉默的过程其实也是一个积蓄能量的过程。孔子说君子"敏于事而慎于言"，鲁迅将其解释为"于无声处听惊雷"，这也是沉默别致力量的一种体现。

人在社会中生活，就免不了与人打交道，但俗话说得好，"病从口入，祸从口出"，说得多，错得也就多，所以，在生活中，在与人打交道时，适当保持沉默，沉淀自己，把自己的心修炼得更强大，会让自己更轻松，与人交往也会更顺利。

"不在沉默中爆发，就在沉默中灭亡。"有的人在沉默中积蓄力量，东山再起，有的人在沉默中就此消沉，彻底失去希望。沉默就像是一把双刃剑，在弱者手中，它是削弱人力量的帮手；在强者手里，它是一把利剑，最终使自己更强大。

在纷乱的时刻，沉默静守能让自己保持清醒。当生活遭遇瓶颈，很多时候语言都是苍白的，这时候最明智的做法就是沉默，韬光养晦，让自己变强大。沉默不是退让，而是一个积蓄、酝酿、等待出击的过程。

第 04 章

用积极的能量，唤醒最好的自己

无论何时，都要在内心建立健康积极的意象

我们都知道，人是很容易被暗示的，一些人常常会迷失自己，会妄自菲薄，无法客观地看待自己，但其实，我们也可以通过暗示来剔除内心负面的信息，然后暗示自己是优秀的，暗示自己应该抬头挺胸，比如，夜深人静时，你坐在椅子上，或者沙发上，或者正站着，翻阅着一本书，其实你并没有认真看，你是在思索自己，在思考自己应该有更好的表现。

所以，你需要记住的是，你要在内心建立起积极的自我意象，因为决定人生成败的是态度，积极乐观的人在任何时候都快乐，无论道路多么崎岖都会毅然向前走；所以，不管你身处何种境况，一定要保持正面的情绪（积极、乐观、不抱怨）。

因为家境贫困，再加上爸爸酗酒，总和妈妈吵架，所以小林的内心非常自卑。初中时，有一次小林作为班长带领班级的几个骨干出黑板报，因此耽误了晚上回家吃饭的时间，为此，爸爸去送饭给小林吃。那天，小林的弟弟正好生病了，所以，爸爸去得比较晚，都快上晚自习了才去。妈妈做了肉丝，用大饼包着让爸爸送给小林。不过，让小林惊讶的是，爸爸居然还带了一罐八宝粥。要知道，小林和弟弟平时可是很少吃八宝粥的，所以，小林坚持没有吃八宝粥，让爸爸带回去给弟弟吃。虽然爸爸给小林送饭，小林心里觉得暖暖的，但是，小林也还是很生气。小林很了解爸爸，只看了爸爸几眼，她就知道爸爸又喝多了，因为他眯缝着眼睛，话也特别多。看到爸爸醉醺醺的样子，小林根本不想搭理他，没好气地和爸爸说了

几句话。后来，同学问小林，为什么她爸爸对她这么好，还给她送饭，但是她却好像在生爸爸的气呢？小林无言以对，因为她不能告诉同学自己的爸爸酗酒，给家庭带来了很大的伤害。就这样，小林变得越来越敏感和自卑，她总是问自己，为什么没有一个不酗酒的好爸爸呢？为此，她不仅无法从家庭中得到安全感，甚至觉得自己在同学们面前矮人三分，虽然她的学习成绩始终在班级中遥遥领先。几年的时间过去了，小林变得越来越沉默。

她高中毕业后考进了一所师范院校。在读大学期间，小林和几个同学辅修了催眠课程，渐渐地，她掌握了一些自我催眠暗示的方法，每当她为爸爸酗酒的事自惭形秽时，她就暗示自己："每个人都是独立的，爸爸有他喜欢的生活方式，我是我自己，我应该自信起来。"时间久了，通过不断暗示自己，小林发现自己好像也有不少的变化。她很喜欢写文章，老师发现了她优美的文笔，便鼓励小林参加文学社。小林担心自己不行，迟迟没有答应。直到又发表了几篇文章之后，她才鼓足勇气参加了文学社。进了文学社不到一年时间，小林就因为表现出色被大家推选为副社长。

在文学社中，小林因为才华横溢，所以很受同学和老师的推崇。加上一直在学习自我催眠的方法，渐渐地，她不再那么自卑。以前，因为爸爸酗酒，即使每次考试都是班级第一名，她也仍然觉得在人前抬不起头来。现在，因为出色的表现、优美的文笔，小林慢慢地有了自信。随着年岁的增长，她意识到每个人都有选择自己生活的权利，别人可以建议，但是却没有权力干涉。因此，她不再因为爸爸酗酒的事情而自惭形秽了。随着自信心的增强，小林意识到自己在文学方面颇有才华，而且，她不仅非常喜欢写作，也很喜欢阅读。在老师的引导下，她变得越来越乐观开朗，不仅把文学社搞得有声有色，而且发表了许多的文章。大学毕业后，小林因为具有文学方面的才华，被学校保送某著名大学的中文系读研。

这则案例中，我们看到了女孩小林从自卑逐渐走向自信的过程。在她小时候，因为父亲酗酒，小林的内心一直被自卑的阴影笼罩着，即便是全班第一名的好成绩也未能帮她排解。幸运的是，小林后来学会了一些自我暗示的方法，并且，她找到了自己在文学方面的特长，就这样，她渐渐地有了自信，对人生也充满了希望。可以说，假如没有学习到如何给自己积极的暗示，小林的人生很可能是另外一番景象。

自我暗示与肯定，是一种良好的训练。因为这些肯定性信息能反馈到我们大脑中，令我们自我改进与自我完善，促进我们改善身心。如果我们坚持这种训练，就会发现自我暗示、自我肯定绝不是白日做梦，绝不是自欺欺人，而是一种有效的自我激励与精神升华的手段，它帮助我们重塑自己的人生，重新构筑自己的身心世界。

掩埋自卑，相信你自己可以做到

德国人力资源开发专家斯普林格在其所著的《激励的神话》一书中写道："人生中重要的事情不是感到惬意，而是感到充沛的活力。""强烈的自我激励是成功的先决条件。"学会自我激励，就是要经常在内心告诉自己，我相信自己可以做到。如果你的心被自卑掩埋，那么，你已经输了。

自古至今，大凡成功者，无不具备一项品质，那就是不被打倒的意志力。他们总是满怀希望，因此，即使他们跌倒了，他们还是会爬起来，跌倒一百次，他们就爬起来一百次，终有一天，他们取得了胜利的果实。的确，每件存在的事物在开始时都只不过是一个想法。"不可能"背后隐藏的巨大成功，只青睐那些充满激情、意志坚定的人。失误、失败并不可怕，关键在于如何从失败中奋起，反败为胜。只要你坚持下去，不可能也会变为可能。

所以，我们每个人都应该记住，任何时候都不要放弃志向和自己的希望，哪怕处于人生的绝境中，只要你抱有希望，就能绝处逢生。

1906年11月，本田宗一郎出生在日本荒僻的兵库县的一个贫穷家庭。由于家庭贫穷，家里9个孩子中有5个因营养不良而夭天。

本田在上学的时候非常喜欢逃课，这让他的父亲伤透了脑筋。用本田自己的话说："那种正规的教育真是让人厌恶！"但是，对于学校的实验课，他却非常喜欢，所以他经常选课去别的班级上他们的实验课。早期的这种富于探索的精神，为他以后的事业奠定了良好的基础。

后来，本田创立了自己的摩托车制造公司。当时的摩托车行业已经趋于饱和了,但是他没有畏惧,依然硬着脑袋挤了进去。在5年内,他打败了250个竞争对手,实现了儿时的制造更先进摩托车的梦想。当然,这期间,他也经历了一系列失败。

当本田成功的时候,他说:"回首我的工作,我感到我除了错误和一系列失败、一系列后悔外什么也没有做。但是有一点使我很自豪,虽然我接连犯错误,但这些错误和失败都不是同一原因造成的。这说明我在失败中学到了很多东西。"

本田总结道:"企业家必须善于瞄准不可能的目标和拥有失败的自由。"这句话言简意赅地阐明了做大事的人所必须拥有的心态,对很多人产生了深远的影响。

本田的成功经历告诉我们,人生没有一帆风顺的,经历一些挫折和失败并不可怕。可怕的是因为害怕而放弃了希望。只有那些把挫折和失败当成动因,并能从中学到一些东西的人,才会接近成功。因为心态是决定事业成功的奠基石,未来的路我们谁都无法预料,我们能做的就是放平心态,锁紧目标,攻克形形色色的困难。

的确,生活中,不少人充满理想,但一旦把自己的理想和现实联系起来的时候,就认为不可能,而这种"不可能",一旦驻扎在心头,就无时无刻不在侵蚀着我们的意志和理想,许多本来能被我们把握的机遇也便在这"不可能"中悄然逝去。其实,这些"不可能"大多是人们的一种想象,只要你能拿出勇气主动出击,那些"不可能"就会变成"可能"。

生活中,失败平庸者多,除了心态问题外,还有思维方式的原因。失败者在遇到问题时,总是挑选容易的倒退之路。"我不行了,我还是退缩吧。"结果陷入失败的深渊。成功者即使遇到困难,也能心平气和,并告诉自己:"我要!我能!""一定有办法!"因此,我们的思维也需要做到与时俱进。有时候,可能你觉得你已经进入了死胡同,但事实上,这只是你没有找到出路而已，想要改变事物的现状就需要运用思维的力量。思路一变方法来，想不到就没办法，想到了又非常简单，人的思维就是这样奇妙。

心理学家告诉我们，很多时候，人们不是被打败了，而是他们放弃了心中的信念和希望。对于有志气的人来说，不论面对怎样的困境、多大的打击，他都不会放弃最后的努力。因为成功与不成功之间的距离，并不是一道巨大的鸿沟，它们之间的差别只在于是否能够坚持下去。

所以，生活中的人们，如果你正在为一件事努力，那么，如果你不妨想象一下自己成功后的样子，你要相信自己一定能成功，而且要消除一切消极的想法，暗示自己一定能做到，如此，你便能化压力为动力，便会产生超越自我和他人的欲望，并将潜在的巨大内驱力释放出来，进而最终获得成功。

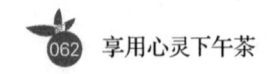

为自己加油喝彩,获得向上的能量

大屏幕上一次次的颁奖,令人心动不已,谁都想走一次红地毯,谁都想触碰奖杯的荣誉,人生若是得此殊荣,自然是一种幸运,一种辉煌。但是,如此巨大的荣誉和成功却不是每个人都能得到的。生活中的内向者自我感觉如此平凡,但是,请不要忘记为自己加油喝彩。美国的一位心理学家曾说:"不会赞美自己的成功,人就激发不起向上的愿望。"随时为自己加油往往能带给自己欢乐和信心。当你的信心增强了,它会鼓励你获得更大的成就,与此同时,你的自信心将会进一步增强。

但在现实生活中,许多性格内向的人对自己缺乏信心,他们总是期望得到别人的掌声。对于这样的情况,一位成功者说:"别在乎别人对你的评价,否则,这反而会成为你的包袱。我从不害怕得不到别人的喝彩,因为我会随时为自己鼓掌。"在人生的路途中,我们要保持思路清晰,随时为自己的壮志加油喝彩!

生活中有许多困难与挫折,面对这些困境,内向者总是不由自主地说"我不能……"。在这样一种心理的影响下,他们不敢正视现实中的挑战,对自己缺乏信心,最后导致自己的潜力并没有得到充分发挥。其实,许多人不能成功的原因就在于:缺乏自信,总是被"我不能"左右。所以,不妨试着把"我不能"埋在地下,相信自己,为自己加油鼓劲,用积极乐观的心态来面对一切。

永远不要让"不可能"禁锢自己的手脚,对自己要充满信心,随时为自己加油，勇敢地向前迈一步，坚持到底，如此，"不可能"就会变成"一切皆有可能"。不可否认，为自己加油是找回自信的最佳途径。不断地为自己加油，告诉自己"我一定能行"，通过肯定自己来不断地增强自己奋力向前的信心，你就能获得成功。

无论是生活中还是工作中，我们都难免会遭遇到坎坷、曲折、磨难，这时，我们会感到痛苦、迷茫，但是，这些都不是最可怕的，可怕的是自己先否定了自己，自己摧毁了自己。

所以，在这关键时刻，自己更需要相信自己，为自己加油，要坚信命运的钥匙永远掌握在自己的手中。摔了跟头，应该立即爬起来，为自己鼓劲，为自己喊声"加油"；当我们取得一次小成就的时候，应该对自己说"我真棒"；当困难来临的时候，记得给自己打气，对自己说"我一定能行"。那些能为自己加油、喝彩的人，他们一定会成为生活中的强者。

放大你的优点，也许会有不一样的收获

有一件小事至今令我印象深刻：大一刚刚入学的时候，班里的同学都争先恐后地加入学校的各种社团。只有一位同学，什么社团都没有参加。辅导员王老师了解到相关情况以后，找她进行谈心。那位同学羞愧地说道："我觉得自己没有任何特长，报名参加那些社团肯定也不会被选上，所以我什么社团都没有报。""怎么会呢？你能考上我们这所大学就说明你有一定的文化功底呀！"王老师安慰道，并准备通过询问她的兴趣爱好为她安排进一个社团。

"你精通数学吗？"王老师试探性地问道。同学轻轻地摇了摇头。

"那你美术怎么样？"同学还是不好意思地摇了摇头。

"那你唱歌跳舞怎么样？"王老师又问道。同学窘迫地低下了头。

面对王老师的接连发问，这位同学都只能摇头以对，一时间气氛有些尴尬。"那你先把名字学号留下来吧，我看着再帮你留意一下。"王老师笑着说道。同学羞愧地写下自己的名字和学号，急忙转身就要走，却被王老师一把拉住："同学，你的字写得很漂亮，这就是你的优点啊！你擅长写字，可以到任何一个社团里面书写板报啊，这可是一个别人不可求的优点。你要好好挑选，不要只是随便糊弄一下哦！""字写得好也算是一个优点吗？"同学欣喜地问道。"当然算啊，同学，你最大的问题其实不是没有优点，只要是人，就都会有自己的优点和缺点，你最大的问题是没有自信，没有一双发现自己优点的眼睛。"王老师笑着说道，"你好好想

想，你能把字写好，就意味着你能写出漂亮的板报，就能锻炼自己的设计才华……"听到王老师鼓励的话语，同学一下子打开了思绪，眼前的困境迎刃而解。

一个月以后，这位同学果然已经成了学校社团中的优秀分子。两年以后，她更是积极参与竞选，成为学院新一代的学生会主席。

其实这只是我们平时生活中每个人都有可能遇到的一件小事，但它告诉我们一个不容忽视的真理：很多时候，我们的成功都来自我们的自信，源自我们能够找出自身的优点，并努力地将其放大，放大到超越自己并优于他人。很多时候，我们总是会听到别人说起自己的缺点，并为这些缺点立下"宏伟"的改正计划。殊不知，只要转变思想，不要紧盯我们自身的缺点，而是放大我们的优点，或许，我们就会有不一样的收获。毕竟，我们的天性都是长年累月最贴合自身秉性而形成的个人特质，想要通过后期短时间的计划彻底改变自己的过往本就是一件很难的事情。因此，我们不如将大部分的时间与精力用于发现自己的优点，放大自己的优点，让自己感受到越来越多的正能量，最终必定会达到事半功倍的效果。

亲爱的朋友，在实现目标之前，我们都要走一段蜿蜒漫长的路。而当走到半途的时候其实是最困难、最容易放弃、最需要继续加油的时候，因为这时的我们已经付出了很多，却还没看到尽头。此时，一旦放弃，便会使以往的努力付诸东流。只有用自信不断鼓励自我，放大自己的优点，忽略过程中的缺点，沉住气，踏踏实实地走好当下的每一步，才不会让自己迷失在这困顿之中。亲爱的朋友，请你相信：人生的掌声出于这样那样的原因，有可能会来得很晚，但只要我们充满自信地等待，永不放弃，终有一日，它会来到我们的身边。

不自信通常是造成我们失败的重要因素之一。很多时候，我们都会深受恐惧、不自信等消极心理的影响，造成失败的被动局面，掉入越做越错、越错越不自信的怪圈。这时，只要我们能够及时发现自己的心理失衡状态，努力调整自己，积极向上，鼓足勇气超越自己、克服内心的恐惧和害怕，最终就能够赢回自信，打一场漂亮的翻身仗。因此，亲爱的朋友，当你缺乏自信的时候，请告诉自己：这是一种来自内心的恐惧，而当你选择害怕的时候，其实已经输了你的人生，所以，鼓起勇气，与内心那个胆小的自己作斗争；放下面子，曾经的失败并没有你想象中的那么严重；保持笑容，微笑是你面对一切困难时最强大的傍身武器。只要你勇敢尝试一次并取得成功以后，你就会发现：一切其实很简单。

自我激励，把责任感转化为强大的内驱力

和几十年前的时代相比，现在的职场再也没有了曾经的轻松悠闲。毕竟大锅饭的时代已经一去不返了，在如今的市场经济时代，每家企业都是一个萝卜一个坑，每家企业在决定聘用一个人时，都希望这个人在自己的工作岗位上承担起相应的责任，也为公司创造一定的效益。为此很多人都觉得压力特别大，甚至觉得身心交瘁，因为在责任面前，他们总是不知道如何才能更好地展示自己，也常常为自己的能力不足而忧心忡忡。实际上，与其因为工作上的压力而心神不宁，还不如把责任感转化为强大的内驱力，从而激励自己不断地爆发出潜能。

世界上很多伟大的企业家都对责任心非常重视，创造微软帝国的比尔·盖茨就曾经要求员工一定要有责任心，他认为，只有拥有责任心的员工，才能对公司尽职尽责，才能够拥有超强的执行力。一流执行力的具体表现就是对工作全心全意、认真负责。毋庸置疑，现在社会有很多人都拥有大学学历，甚至拥有研究生、博士生的学历，然而为什么那么多用人单位都感慨自己没有合适的人才可用呢？这是因为有很多人才都缺乏责任心，他们尽管能力超群，却不能把这份能力完全用到工作上，也无法用能力来保证工作的质量，那么这和没有责任心、没有能力又有什么区别呢？

新员工要在工作上更积极主动，特别是在激烈的竞争中，更要肩负起自己的职责，投入全身心的力量认真面对工作，这样才能在职场上脱颖而出。当然，这一切的努力和认真都是责任感驱使他们去做的。不过，只

有责任心也是远远不够的，还要有超强的执行力。任何事情，如果拖延下去，就会导致结果不尽如人意。因而现代社会的效率主要体现在马上执行方面，很多人在工作中一旦遇到难题，首先就决定等一等，等到时机合适或者条件成熟，再着手去解决问题。

实际上，解决问题的好时机转瞬即逝，在一味地等待中，我们非但不能把问题解决得更好，反而会贻误解决问题的最佳时机，使问题变得更麻烦。不得不说，工作上的等待实际上是在逃避责任，要知道这个世界上没有任何事情是绝对完美的，所以与其为了追求完美而无限拖延下去，不如当机立断去做，在做的过程中努力提升和完善自己。

1861年，美国爆发了内战。当时担任总统的林肯非常着急，只想找到一位将军马上率领大军去平息内乱。然而，他更换了四位统帅都没有找到一个最合适的人选，因为这些统帅总是找出各种各样的理由不想立即执行林肯的命令。最终，林肯找到了最合适担任这项任务的人，他就是大家所说的酒鬼格兰特将军。听说林肯要任命格兰特率领大军去平息内乱，很多人都表示反对，但是林肯对格兰特的评价非常高，甚至愿意送给格兰特他爱喝的酒。林肯认定格兰特就是最合适的人选，这是为什么呢？

格兰特和其他四位将军有什么不同呢？第一位将军面对林肯的任命，说要先封锁局势，等到合适的时机再决定是否发兵。第二位将军说要把部队变成一个凝聚力超强的整体，然后才能够对敌人展开行动。第三位将军说必须把部队武装到牙齿，才能对敌人展开行动。第四位将军说只有拥有百分之百的把握，才能对敌人出击。不得不说这四位将军的回答都有一定的道理，然而他们的回答都不是林肯想要得到的。他们的潜台词都是他们无法对这件事情负起责任，所以只有等到万无一失的时候才能做出实际的行动。然而什么时候才能算是万无一失的时候呢？也许将军们能等，但是动荡的局势绝不能等。

最终，林肯把他们毫不犹豫地撤掉，坚定不移地选择了格兰特，只因为格兰特的回答是"既然我们没有准备好，那么敌人也一定没有准备好，所以现在就是最好的时机，机不可失。"就因为这个回答，格兰特被林肯总统任命为北军司令。哪怕别人再怎么反对，林肯也没有动摇自己的想法。因为在林肯心中，格兰特将军才是勇于承担责任的人，才是敢于执行命令的人。

一个人即使能力再强，如果总是瞻前顾后，不愿意发挥自己的能力，那么他的能力就是没有价值的。同样的道理，即使你自身有超强的能力，如果总是畏缩不前，不愿意发挥自身的能力开拓与众不同的人生，那么你也就辜负了自己的能力。每个人都有自身的责任需要承担，虽然这需要面对巨大的压力，但是只要我们正确对待责任，拥有执行力，那么就能够把责任转化为源源不断的动力。这里所说的责任，并不是别人强加于我们的责任，而是我们主动承担起来的责任。只有这样，我们才能最大程度激发出自身的潜能，不把巨大的压力作为逃避人生责任的借口。记住，一个人只有勇敢地承担起艰巨的责任和任务，才能让自己距离人生的目标和理想越来越近。

第 05 章

斩断焦虑,放下压力让心灵变得轻松愉悦

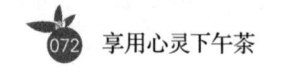

心中不安，就会产生焦虑情绪

───────

曾经有心理学家说，每个人的内心都像是一台正在放映的电视机，随时随地都在呈现出不同的画面，而且这些画面的画外音完全不同，有的声调平和宁静，有的如同疯狂的摇滚乐。当然，这些声音和画面并非完全不可控，大多数情况下我们是声音和画面的主宰，决定了这一切的呈现。不可否认，心理学家的描述非常精确到位，也很生动传神，然而我们的心理活动比电视更复杂微妙，每个人都是这个世界上独一无二的个体，也是这个世界上绝不雷同的小宇宙。

人人都有不安全感，有人的不安全感来自外界，有人的不安全感则来自自己的内心。归根结底，不安全感是人们内心的感受，它常常使人感到紧张局促、焦虑烦躁，带给人不那么愉快甚至是痛苦的体验。通常情况下，人们习惯于从外界或者他人身上寻找安全感，殊不知，正如人们常说的，最可靠的只有自己。安全感也是如此，唯有自己给予自己的安全感，才是最长久可靠的；否则，从他人身上得到安全感，我们会变得非常被动。一旦他人改变心意，我们就会彻底失去安全感，也随之失去对生活的信心和希望。

人总是会情不自禁地想起很多让自己不安的事情，甚至为了绝少有可能发生的事情担忧不已。哪怕理智上知道这些担忧和恐惧无须存在，但是感情上却无法控制自己，不得不说，这是一种心理障碍的表现。诸如当女儿比平日里回家的时间晚了很多，而且无法取得联系时，父母就会胡思乱想，甚至想到女儿已经遭遇不测。在这种情绪下，父母很难静下心来冷静思考，只会陷入不安之中，觉得片刻的等待都难以继续下去。从这个角度而言，不安全感也来自过度焦虑，或者是普遍存在的焦虑感。然而一般情况下，焦虑并不是无缘无故产生的，而是针对某件具体的反常事情。缺乏安全感的人，既缺乏自信，也对他人缺乏信任，他们非常多疑，并且思想和行为上也渐渐会有所改变。

如果你意识到自己有很多不安的表现，那么就要加强信心，告诉自己一切事情都很好，根本不值得焦虑。除此之外，为了提升自我的安全感，我们还要不断完善和强大自己，让自己相信一些事情没有想象中那么糟糕，而且很多担忧的事情根本不会发生。尤其是当我们过度依赖某个人的时候，更要有意识地培养自己独立生存的能力，这样才能在独处的时候也具有安全感。

你担忧的事，99%都不会发生

生活中，有很多人每时每刻都处于焦虑之中，这并不是因为他们的生活中有很多危机，而是因为他们缺乏安全感，会为那些未必会发生的事情担忧，也就是我们常说的杞人忧天。毋庸置疑，未雨绸缪是好的，它可以让我们在事情发生之前有更多的时间进行充分的思考，从而想出对策，不至于事到临头手忙脚乱。然而，过度思虑，甚至杞人忧天，就超过了思考的限度，无形中给我们的心理增加了很多负担。曾经有心理学家专门进行了一项实验，即让人们把自己担忧的事情写在一张纸上，然后去正常地生活，等到一段时间之后，再让那些人回过头来看自己曾经写下的担忧。大多数人都发现自己担忧的事情根本没有发生，甚至没有给自己的生活造成任何困扰。这很有力地证明了一个事实，即我们的担忧十有八九不会发生，我们的担忧，大多数情况下都是杞人忧天。

著名的成功学大师卡耐基小时候有一次和母亲一起在农场里采摘樱桃时，突然就哭了起来。在母亲的询问下，他说出了自己哭泣的原因。原来，他很担心自己会被活埋。母亲当然觉得卡耐基哭泣的原因非常可笑，因为他在为一件毫无可能发生的事情担忧。但是小小的卡耐基却被这个还没有发生，甚至永远不会发生的问题困扰。很多孩子都会经历这样的人生阶段，那是在他们对这个世界有些了解又不全了解的情况下，对未知感到的恐惧和担忧。当我们成年之后再回忆小时候的生活，会发现曾经年幼的自己非常幼稚可笑，诸如有的孩子会因为其他孩子的一句恐吓而不敢去上学；有的孩子会因为父母的一句无心话而担心自己有朝一日被抛弃……成年人眼中的玩笑话，都会在孩子稚嫩的心中留下深深的恐惧。所以父母千万不要随意恐吓孩子，作为成年人，我们也要认识到很多担忧都是无中生有、自寻烦恼。所谓兵来将挡，水来土掩，我们唯有专注于当下的生活，才能更好地过好人生的每一刻，不至于为那些还没有发生的事情浪费宝贵的时间和精力，甚至给自己的生活造成严重的困扰。

作为一位全职太太，薇薇安显然把所有的时间和精力都用于抚养孩子，在孩子身上倾注了太多的心力。正因为她的生活中只有孩子，所以她几乎每时每刻都在关注孩子，而渐渐忽略了与外界的联系。有段时间，薇薇安得知流行手足口病，于是变得神经兮兮，她不止一次失眠，只为了想清楚如果自己的孩子得了手足口病怎么办。尤其是在听说手足口病能够致死之后，她更是夜不能寐。

看到薇薇安紧张的样子，她的丈夫刘维安慰她："亲爱的，不要这么担心，毕竟手足口病只是小概率事件，而且致死率也特别低。只要我们在手足口病高发时期注意不要带孩子到幼儿集中的地方，情况就不会那么糟糕。退一万步而言，哪怕孩子患了手足口病，只要及时医治，不耽误治疗，也完全是可以康复的。"薇薇安有些抓狂："手足口病是会致死的呀！"刘维依然很平静："是的，感冒也致死，但是我们每年都感冒几次，却完好无损。你要相信现代医疗，也要相信你对孩子的照顾。"虽然刘维竭尽所能地安慰薇薇安，但是薇薇安依然很焦躁。

直到两个月之后，手足口病高发期过去，薇薇安才渐渐放下心来。然而，秋季腹泻又来了，薇薇安还是无法从容地养育孩子，刘维也很担心薇薇安紧张的情绪状态会影响她的身体健康，甚至影响孩子，让孩子也变得惊恐不安。

在这个事例中，薇薇安的反应显然有些过激了。对于年纪小的孩子而言，生病完全是正常现象，因为没有任何孩子可以生活在真空环境中，而孩子生病往往能够提高他们的免疫力，使他们更加茁壮地成长。丈夫刘维说得很对，现代医学如此发达，只要讲究卫生，在流行病暴发期间适度控制孩子不到人多的地方活动，就能够保证安全。哪怕真的患病，先进的医学条件也能够有效缓解症状，治愈疾病。与其担心这些未必会发生的事情，不如养精蓄锐，照顾好自己和孩子的身体，增强身体的抵抗力，这是更为有效和实用的方法。

为了帮助他人或者自己打消莫须有的担忧，我们还可以求助于科学，以实实在在的事例说服自己或者他人不要再担忧、焦虑。那些符合科学规律、具有事实依据的事例，比我们想象出来的担忧更有说服力，也能够帮助我们找回安然幸福的人生。

变压力为动力，不断淬炼自己

很多在大城市生活过的人，都有过相似的感触，即大城市的车流实在太快了，大城市的人流也实在太密集了。与农村或者三四线城市悠然自得的生活节奏相比，大城市的一切都如同拧紧了发条，片刻也不能停息。有的人能够适应大城市的生活节奏，也能够承受巨大的工作压力，就在大城市留了下来，努力挣扎着生存。有的人不能适应大城市的生活节奏，也无法承受巨大的工作压力，因而选择回到家乡的小县城或者小市区生活，甚至也有些人选择回到农村或者偏僻的山村，安然度过闲适的一生。然而，随着社会的发展，在哪里生活实际上都不会那么轻松，所谓的轻松只是相对而言的。压力对于每个人而言都如影随形，除非我们遁逃到生命之外，否则压力将会伴随着我们一生，永不消逝。

现代社会，很多年轻人都抱怨压力太大，甚至想尽办法逃避压力。诸如有些大学生本科毕业后，因为不想面对残酷的现实，不愿承受工作的压力，所以决定考研或者继续出国深造。然而，这都需要经济上的支撑，要根据家庭情况作出符合实际的选择。还有的大学生为了逃避工作，大学一毕业就留在家里懵懂度日，根本不知道"一寸光阴一寸金"的道理。毋庸置疑，生活的确给了我们巨大的压力，但是生活对于任何人都是平等的，每个人都有自己的压力和烦恼，弱者被压力压得喘不过气来，最终选择逃离，强者勇敢面对压力，淬炼自己，从而让自己得到更好的前途和未来。

作为一名"80后"，马伟自从本科毕业后，就进入上海一家知名软件公司工作，从最基础的编程工作开始做起。众所周知，电脑行业的程序员就是高档的民工，做的工作枯燥乏味不说，还经常需要加班加点，熬夜赶工更是家常便饭。作为独生子的马伟，哪里吃过这样的苦。他原本就对工作怨声载道，在因为程序编写出错，被领导狠狠地批评了一顿，还要被扣掉当月的奖金之后，思来想去，马伟无论如何也咽不下这口气，因而想要辞职。

得知马伟的决定后，和他一起进入公司的大学同学刘谦说："忍一忍吧，你看公司里的那些软件研发工程师牛吧，他们之中很多人也是从小小的程序员做起的。现在找工作很难，你还记得咱们大学毕业后足足奔波了三个月才找到工作吗？最重要的是，即便顺利找到新工作，新的公司也未必就没有压力。你看看现在那些私营企业，哪个员工不是当牛做马，有的时候还要受气呢？我觉得逃避不是办法，咱们要抓住各种机会提升自我，让自己的水平变得更高，这才是真正的解决之道。"可惜，刘谦的话马伟根本没有听进去，他勉强继续工作了半个月，就选择了跳槽。刘谦呢，正如他自己所说的，努力提升自我，兢兢业业，努力把工作做得尽善尽美，自然也就不会经常被批评了。如此三年之后，刘谦已经成为公司软件开发部门的工程师和负责人，一个偶然的机会，他遇到马伟，询问起马伟的现状，才知道马伟这三年来一直在频繁地跳槽，稍微有点儿不顺心就换工作，结果到现在还是小小的程序员，在工作上毫无长进。

马伟所面对的窘境，在现代社会并非个例，而是普遍的现象。如今很多年轻人都在职场上深感困惑，尤其是那些刚刚毕业的大学生，更是因为自视甚高，导致眼高手低，好高骛远。实际上，现代职场并不缺少高学历的人才，而缺少能够脚踏实地干好本职工作的人才。所谓勤能补拙，笨鸟先飞，唯有勤奋努力，才能最大限度地打开人生的无限可能。

近几十年来，整个中国都处于突飞猛进的发展之中。每一个人，不管处于何种社会地位和角色，都必然要承受一定的压力。面对压力，最好的方法不是抗拒，而是坦然接受压力，这样才能与压力共生，也才有可能把压力转化为巨大的动力。要想缓解压力、消化压力，最重要的就在于自我管理。就像有的物体很坚韧，有的物体很脆弱一样，人承受压力的能力也是完全不同的。然而，社会并不会因为一个人心理脆弱，就特别偏袒这个人，让他生活得一帆风顺。相反，社会对待每个人都很公平，尤其在职场上，不管你学历是高还是低，也不管你年纪是大还是小，只要你是职场的一员，就要和其他同事一样把事情做到最好。因而，我们要有意识地培养自己承受压力的能力，唯有如此，我们才能与压力和谐相处。

从心理学的角度而言，压力更是一种不能避免的应激源，要想让压力对人的成长和发展有利，我们还要具备承受压力的心理韧性。具体而言，就是在面对人生的坎坷和逆境时，具有强大的适应能力，让自己始终保持积极上进。唯有具备对压力的反弹能力，我们才能把压力转化为动力。任何时候都不要逃避人生，唯有勇敢直面人生，我们的心理才会越来越成熟，我们的人生也才会越走越顺，最终到达理想的目的地。

把失败当成人生进步的阶梯，才能走向成功

这个世界上，没有十全十美的人，也没有绝对完美的人生。每个人在漫长的人生旅途中，都会遭遇各种各样的坎坷和挫折，还会被失败绊倒。然而，真正的强者敢于直面失败的人生，他们知道风雨泥泞是人生的常态，而顺心如意的人生根本不存在。弱者往往因为失败而一蹶不振，他们惧怕失败，不敢面对失败，甚至为了逃避失败而绝不付出任何努力，更不进行任何尝试。和失败相比，更可怕的是自我禁锢，甚至是完全放弃努力。因为自我禁锢、什么事情也不做，固然不会失败，却也同时失去了成功的机会。

明智的人会把一次次失败当成人生进步的阶梯，抑或是一次次凤凰涅槃的重生。人们常说种瓜得瓜，种豆得豆，唯有付出才能有所收获，遗憾的是很多时候哪怕付出了，也未必能够得到想要的收获。诸如有人坚持不懈地努力，目的就是获得成功，但是他们偏偏被命运捉弄，与失败结缘，无论如何也摆脱不了失败的怪圈。在这种情况下怨天尤人，或者沮丧绝望，都是完全无用的。唯有勇敢面对失败，从失败中获得更多的经验，吸取宝贵的教训，才能踩在失败的阶梯上不断向上，获得进步。所以说，失败不可怕，可怕的是不能正视失败。

很多人面对失败的时候悲观绝望，这不但会消磨人们的斗志，而且会使人们的心情和情绪都受到一定的影响。现代社会提倡正能量，不得不说失败带给人们的都是负面的能量。因而面对失败，我们要更加积极主动，

竭尽全力把失败引发的压力转化为源源不竭的动力，把失败的惨痛教训转化为人生中的宝贵经验。唯有应对好失败的压力，保持心理上的平衡，失败才能成为成功之母，带领我们走向成功。

很久以前，有个年轻人被心爱的女孩抛弃了，无法忍受失恋的沉痛打击，变得意志消沉，甚至想要结束自己的生命。有一天，形单影只的他想起曾经与女孩的幸福甜蜜，原本犹豫不决的心一下子坚定起来，他打定主意要自杀。在自杀之前，他要与自己最好的朋友告别，因而就打电话给朋友，诉说了自己的近况。朋友听到他的口中说出"自杀"二字，不由得胆战心惊，却因为路途遥远，一时之间又没有办法阻止他。因而，朋友只好问："你想以什么样的方式结束生命呢？"年轻人回答："我想吃安眠药，这种方式没有那么痛苦。"朋友说："但是这种方法的成功率很低，如果你在真正离开人世之前被人发现，你就得被送到医院去洗胃，那可真是求死不得啊。"听到朋友的话，年轻人有些犹豫了。朋友又问："你真的想好要死了吗？"年轻人点点头，说："是的，一个人活着太痛苦了，生命对我而言毫无意义。"朋友说："既然如此，我给你提供一种轰轰烈烈的死法吧，比你这样不明不白地死去更好。你知道有个地方地震了吗？我觉得你可以当志愿者去抗震救灾，这样哪怕你死了，也会成为英雄，得到人们的追思。"年轻人觉得朋友的话很有道理，当即背起行囊赶赴灾区。

到了灾区，年轻人抱着必死的信念，对于任何艰难的工作都不推卸，而是冲锋在前。他连续十几个小时不吃不喝，也没有休息，简直累得精疲力竭。很多人都劝年轻人好好休息一下，吃点东西补充体力，年轻人都拒绝了。终于到了晚上，年轻人两眼一黑，一头栽倒在地。也不知道睡了多久，他睁开眼睛，看到洁白的床单和身边的鲜花，才知道自己已经被送到医院。很多记者都闻讯赶来采访舍身忘我的年轻人，年轻人嗫嚅着说："其实，我只是想自杀……"大家都笑了起来，在他们的心目中，年轻人

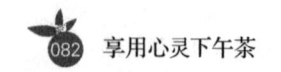

是不折不扣的大英雄，哪里有人会以抗震救灾的方式自杀呢？后来，年轻人再也没有想过自杀，而是积极乐观地面对人生的一切挫折和磨难，而且始终对生活满怀热情。之后，他生活得非常好。

在这个事例中，年轻人最初不能面对爱情的失败，因而想要以自杀的方式逃避现实。朋友情急之下，建议他去抗震救灾，使他意识到生命的可贵。最终，他虽然因为疲劳过度而昏过去，却在心中燃起了对生命的渴望。他再也不是那个想要自杀的懦夫了，他成了真正的英雄。

人生在世，没有人能够一帆风顺，大多数人都会遭遇生命中各种各样的挫折和不如意，逃避显然不是一个好办法，甚至还有可能使事情变得更糟。因而真正的强者，能够把人生的不快埋藏在心里，设法去解决，同时把人生的快乐放大，从而激励自己继续满怀激情和热忱地生活。记住，任何时候，失败都是人生正常的产物，是人生中理所当然的存在。面对失败，我们完全无须大惊小怪或者彻底绝望，唯有更加积极乐观，从失败中汲取养分和经验，才能离成功越来越近。

从容，才能真正得到平静而美好的人生

现实生活中，很多人都容易被焦虑困扰，一则是因为人的心理很脆弱，二则是因为生活有很多不如意的事情，所以情绪波动便成为生活中的常见现象，困扰着很多人。曾经有篇文章，告诉人们要做淡定从容的人。的确，云淡风轻、春风拂面的人的确给人良好的感觉，在人际交往中也会如鱼得水。遗憾的是，大多数时候，人们都无法很好地控制自身的情绪。要想改变情绪，就要知道情绪焦虑的根源在哪里。不管是男人还是女人，都会遇到各种各样的情绪问题，所以唯有变得从容，才能真正得到平静而美好的人生。

从容，说起来是简简单单的两个字，做起来却很难。所谓从容，大概就是泰山崩于前而色不变，宠辱不惊，坦然面对人生中的各种境遇，哪怕遭遇了欺骗或者其他不友好的对待，也从不失去本心……一个人要想成为人生中真正的赢家，就要从容不迫。不可否认，成为人生赢家的目标并不是轻易就能实现的，普通而又有着七情六欲的我们，唯有努力淡定，争取从容面对人生，也争取距离从容人生越来越近，那些曾经困扰和纠缠我们的焦虑才会消失得无影无踪。

因为出、入关的人都需要经过边塞，所以边塞的马匹生意很好做。有个老人就在边塞喂养马匹，卖给南来北往的客人。日久天长，那些从老人手里买过马或者熟悉老人的邻居们，都称呼老人为塞翁。

边塞地域辽阔，老人养了很多马。有一天，马群回到家里，塞翁突然

发现少了一匹马。在当时，马可是非常贵重的财产，邻居们想到老人丢了马一定很难过，因此纷纷赶来安慰老人："算了，就是一匹马，千万不要伤心，身体健康最重要。"塞翁看着热心的邻居们，不以为然地说："没关系，只是丢了一匹马而已，也许还会有其他收获呢！"大家都觉得塞翁一定是伤心糊涂了，哪有丢了一匹马还不以为然的呢！因而纷纷摇头离开，让塞翁一个人承受。没过多久，塞翁丢失的马突然回来了，而且还带来了一匹胡人的骏马。这匹骏马通体赤红，一看就是不可多得的千里马。邻居们得到消息，又纷纷赶来祝贺塞翁："平白无故得到一匹千里马，您老人家可真是好福气啊！"出乎意料，塞翁却愁眉不展："天上掉馅饼，这可不是好事情，也许会有灾祸随之而来呢！"邻居们议论纷纷："这个老头真是太狡猾了，平白无故得到一匹千里马，不知道怎么高兴呢，却要装出这样一副难过的样子，蒙蔽大家。"这样想着，邻居们就离开了，不想再看到塞翁虚伪的样子。

塞翁的儿子很喜欢这匹意外得到的骏马，每到赶集的时候就骑着骏马去集市上玩。有一天，骏马突然受到惊吓狂奔不止，他也从马背上掉下去摔断了腿。听说塞翁唯一的儿子摔断了腿，成了瘸子，邻居们都不计前嫌，再次赶去安慰塞翁。不想，塞翁却说："摔断了腿命还在，也许是好事。"邻居们看不懂了，觉得塞翁一定是老糊涂了，所以才会说这些颠三倒四的话。没过多久，匈奴入侵村子，村子里的青壮年都被征召入伍，只有塞翁的儿子因为是残疾人，所以不用上战场。结果那些去打仗的人基本都丢了性命，唯独塞翁的儿子平安地留在家中，守着塞翁平安度日。

塞翁失马的故事一波三折，虽然邻居们时而来安慰丢失马的塞翁，时而又羡慕塞翁平白无故得到一匹骏马，最后又可怜塞翁的独生儿子变成了残疾，但是这一切都没有改变塞翁平静淡然的心。塞翁知道，福祸相依，不管是福还是祸，都不要盲目地乐观或者绝望。塞翁的从容，让他在面对生活的大喜大悲时也能保持淡然，而绝不迷失自己的本心。假如我们也能像塞翁一样平静淡然地对待生活中的各种变化，那么就能拒绝大喜大悲，也能够迎来淡然从容。

人生路上总不会一帆风顺，尤其是现代社会发展迅猛，各种意外事件频繁发生。我们如果总是因为客观外物而不停地改变心绪，那么就会越来越不淡定，也最终会迷失本心。唯有保持淡定和从容，才能更好地接纳和享受生活，也才能让一切都变得井然有序，不至于因为慌乱茫无头绪。

越是紧张，结果越不尽如人意

生活中的人们，不知你是否有这样的体会：骑车在路上行走，看到前面有棵树，你告诉自己一定要绕过去，但还是莫名其妙地撞上去了；失眠的晚上，越想睡觉，却越睡不着，越是想克制自己不去想任何事情，越无法停止思考；电影里，一人用刀挟制另外一个人，被挟制的人告诉自己一定不会受伤，但潜意识里已经将注意力放到刀子上了，然后，悲剧真的发生了……同样的情况发生在那些戒烟瘾和戒网瘾的人身上，越是压抑，则越会反噬！也就是说，如果你过分在意结果，越是紧张，结果也就越不尽如人意。

美国斯坦福大学的一项研究表明，人大脑里的某一图像会像实际情况那样刺激人的神经系统。比如当一个高尔夫球手击球前一再告诉自己"不要把球打进水里"时，他的大脑里往往就会出现"球掉进水里"的情景，而结果往往事与愿违，这时候球大多都会掉进水里。

我们每一个人几乎都有过这样的经历，我们越是专注于某一件事情，越是很难做好。而许多感觉难以完成的任务，心里不去想了，以听之任之的心态去对待，往往却又轻而易举地做好了。

为此，我们在做某件事时，也要调节自己的心态，才能看淡结果，才能减少或者消除紧张感。

很多时候，人们在面对即将发生的事时，总是表现得十分紧张："我们研发部门花了半年的心血研究的产品，要是我给介绍砸了就全完了，怎么对得起他们呀！"事实上，你要明白的是，你可以掌握自己努力的程度，却把握不了最终成绩，患得患失，只会给自己制造遭受挫折的条件。

那么，我们该如何避免患得患失的心态呢？

1. 摘掉假面具，承认自己的紧张

我们越是想获得成功，越是焦虑，此时，克服的方法是让紧张情绪反过来帮你的忙。心理学家称其为"积极性重构"，即以不同观点来看问题——从好处看，而不是从坏处看。当你对自己有信心，又具有表达自己感受的勇气时，你就能把自己的焦虑减轻，使之化为力量，从而坚强起来。比如，当你准备开口时，如果你感到紧张，你也可以向听众袒露自己的心态，这样，不但听众会被你的坦诚打动，你的紧张感也会得到排解。如果掩饰自己的感受，只会使气氛更紧张，并且使人看起来很虚伪。

2. 专注事情本身，淡化焦虑

如果太注重成功或失败，结果往往会失败。只要你注重事情本身的特点及规律，专心致志地讲好话、办好事，你就会收到意想不到的效果。

当我们能够以一种闲庭信步的心态面对你所从事的事时，你就是一个随心所欲、能控制自己紧张情绪的人了。

过分考虑后果、患得患失的心态只会让紧张加剧，关注过度，就会把结果看得太重，做事就会受到影响。要想克服紧张，首先就要看淡结果、学会淡然面对。

第 06 章

内心的欲望是枷锁，禁锢了心灵的自由

挣脱欲望的囚牢，才能放飞自己的心灵

毋庸置疑，生活在这个世界上，每个人都有很多欲望，都希望得到好的东西，拥有更多的美好。然而，这个世界上实在是有太多美好的、值得人们追求的东西，我们总是希望自己拥有的更多，但是却不知道自己已经在不知不觉中变得越来越贪婪，心灵也渐渐迷失了方向。为了让人生变得更加轻盈，也为了让我们的心灵变得更美好，我们应该努力挣脱欲望的囚牢，从而放飞自己的心灵，让自己的人生变得更加丰盈厚重，也更充实美好。

人生是否充实有意义，与我们的人生付出并非成正比，当然，与我们的欲望强弱更是会背道而驰。生活中有个奇怪的现象，有些人欲望很强，迫不及待地想要得到世界上美好的一切，但是遗憾的是，他们总是事与愿违。有些人则与前者恰恰相反，他们无欲无求，对于人生没有太多的欲求，因而始终能够降低自己的欲望，从而做到在寂寞中坚持，在诱惑中坚持，所以能够挣脱欲望的囚牢，得到命运丰厚的馈赠。为了保持内心的纯粹，我们必须懂得如何割舍内心深处不切实际的欲求。遗憾的是，有很多人对于人生感到不满足，我们必须珍惜已经拥有的，才能得到更加美好的人生。

作为美国大名鼎鼎的船王，哈利富极一时，等到年岁渐长，他的儿子小哈利也渐渐长大，他对小哈利说："等你23岁，我就让你掌管公司的财政大权。"在小哈利23岁生日的时候，老哈利带着儿子走进赌场，并且给了儿子两千美元，教会他赌博的技巧之后，只叮嘱他不要把所有的钱都输光，就离开了。小哈利按照父亲的叮嘱做出了保证，最终却在赌桌上输得

分文不剩。小哈利告诉父亲，他原本以为自己能够回本，但是却输得非常惨。老哈利告诉小哈利："你还可以进赌场，但是你必须自己挣钱。"小哈利自己去打工，花了足足一个月时间才挣到700美元。当他怀揣着500美元再次走入赌场时，提前告诫自己要至少留下一半的本钱。遗憾的是，小哈利真正走入赌场之后，再次失败了，他又输掉了所有的身家。

老哈利对于小哈利的表现沉默不语，小哈利说自己再也不想进赌场了，他很沮丧，对自己完全失去信心。不过，老哈利的态度出乎小哈利的意外，他坚持要求小哈利再次走进赌场。老哈利告诉儿子："在这个世界上，赌场是最冷酷无情的。人生也如同赌场一样残酷和激烈，你必须继续下去。"无奈之下，小哈利只好再次出去打工，为自己挣钱积累赌资。这次，直到半年之后，他才第三次走进赌场。然而，他依然失败了，又输掉了赌局。不过，他终于战胜自己，在还剩下一半赌资时，头也不回地走出了赌场。他第一次感受到了赢的感觉。老哈利这时赶紧点拨儿子，说："你现在应该知道，你走入赌场不应该是为了赢钱，而是要战胜自己，成为自己的主宰。"从此之后，小哈利每次进赌场的时候，都把输钱控制在自己所有资本的10%，从而做到保本。随着时间的流逝，小哈利渐渐熟悉了赌场上的技巧，开始赢钱。有一次，他非但没有输，反而还赢得了几百美元。此时，站在一边的老哈利警告小哈利，要及时离开赌桌。但是小哈利第一次尝到赢钱的甜头，根本不愿意收手。果不其然，很快情况急转直下，小哈利突然接连输了好几场牌局，再次成为输家。

一年之后，老哈利再去赌场，发现小哈利俨然已经成为经验丰富的赌徒，不管输赢，都绝不超过本金的10%，再也不会陷入欲望的深渊，而是能够成功地主宰和操控自己。老哈利看到小哈利的进步，感到很欣慰，因为他很清楚只有能够在输赢时成功控制自己的人，才能成为人生的赢家。老哈利下定决心，要让小哈利主宰公司的财政大权。尽管小哈利因为自己不懂得公司业务而感到无法胜任，但是老哈利却非常信任小哈利，说："业务知识很快就能熟悉和了解，大多数人之所以失败，并非因为不懂业务，而是无法控制自己的欲望。"老哈利毅然决定，将上百亿的公司财政大权交给小哈利。老哈利心知肚明，能够主宰自身欲望的小哈利，一定能够成功。

其实，我们都知道人生最大的收获，就是快乐与幸福。欲望与我们的生活感受并不是成正比的。欲望越低，我们反而越是能够回归生活的本真状态，感受到生活的快乐。人生苦短，生命转瞬即逝，我们必须抓住命运，扼住命运的咽喉，才能主宰命运。否则，我们贪婪的欲望越大，失去的就会越多。

控制你的欲望，别让欲望控制你

曾经有个女性去大海里捡泥螺。没想到，从未下过海的她在淤泥中挣扎了没多久，就感到精疲力竭。此时，她距离岸边很远，却没有力气马上回到岸边了。又因为没有经验，没有随身携带饮用水，所以她不但累，而且渴，很快就觉得浑身乏力。这位女性渐渐感受到生命受到威胁，因而突然捧起海水喝了起来。身边有经验的同伴都告诉她海水越喝越渴，她却无法控制自己，不停地说："我太渴了，我太渴了。"然而，她喝完如同泥浆般的咸涩海水后，果然觉得口中更加焦渴，因而感到昏天暗地。幸好后来有小木船经过她的身边，她才获救，回到岸边。

也许有人会说，只要带着淡水下海，就不至于这么焦渴。但是，淡水能够解决人生理上的渴，却无法解决人心理上的渴。现代社会，随着物质的极大富裕，人们对于物质的渴望越来越强，以至于毫无限度，陷入欲望的深海中，无法自拔。欲望导致的焦渴，是来自人的内心深处的，根本无法缓解。所以明智的朋友们会更加积极主动地控制自身的欲望，减少贪欲，不让自己在欲海中浮浮沉沉，无限焦渴。若是无法控制过分的欲望，人会做出很多丧失理智的事情，轻则名利双失，重则面临牢狱之灾，甚至是丢掉性命。普通人呢，也会因为被欲望牵绊，最终失去内心的平静安然。

从这个意义上来说，一个人即便拥有得再多，假如无法做到知足常乐，也会被欲望胁迫着接受人生被动的宣判。从本质上而言，知足常乐是一种心态，更是一种良好的人生状态。当然，人并非生而就懂得知足常乐的道理。要想让知足常乐成为人生的底色，我们就必须调整好自己的心态，也摆正自己在人生之中的位置。

一个人进入沙漠寻找宝藏，但是他的寻找徒劳无功，经历长久的努力，他依然一无所获。最可怕的是，经过长久的寻找，他的身边不但没有食物，甚至连一滴淡水也没有了。他又渴又饿，精疲力竭，因而只能躺在沙漠中等待死神的到来。在生命即将结束的那一刻，他向上帝祈祷："上帝啊，请帮帮我吧。"上帝真的出现在他的眼前，他赶紧说："我又饥又渴，想要食物和水，哪怕只有很少也行。"上帝满足了这个人的请求，他狼吞虎咽，吃饱喝足，渐渐恢复了精力，因而又起身朝着沙漠深处走去。他始终梦想着沙漠深处的宝藏，不愿意轻易放弃。很幸运，他的确走到沙漠深处，找到了宝藏。等到他贪婪地把身上所有的口袋都装满宝藏之后，他的体力开始持续下降。他一边怀着憧憬一边向沙漠边缘走，却在途中不得不因为体力不支不断地丢掉那些宝藏。最终，他还没有走出沙漠，就精疲力竭地倒在沙漠里。这次，他又向上帝祈祷，他告诉上帝他需要大量的食物和水，要取之不竭，用之不完的。毫无疑问，上帝没有满足他的贪欲。

在这个人即将死去的时候，上帝其实给了他机会，让他逃生。遗憾的是，他一心一意只想着沙漠深处的宝藏，没有趁着体力好的时候走出沙漠，却背道而驰，走向沙漠深处。最终，他虽然幸运地找到了宝藏，却根本没有好运气把这些宝藏带出沙漠。不得不说，人直到面对死亡时，都无法逃脱欲望的魔爪。欲望是永远难以填平的沟壑，欲望越多，人就越是不容易满足。因而要想知足常乐，最重要的不是无节制地满足欲望，而是要控制自身的欲望，避免在欲望的海水中越喝越渴。

你可以追求金钱，但不要成为金钱的奴隶

在生活中，我们周围有很多人通过经商成功获得了财富，他们比其他人生活得更富足，这令我们羡慕不已，于是一些人为了获得财富，失去了原有的价值观，甚至心生歹念。有道是"君子爱财，取之有道"，追求利润并非罪恶。但是，方法必须是符合人道的。并不是不管干什么，只要能赚钱就行，获取利润必须走正确的道路。谋利是经商或其他人类活动的原动力。任何人都可以有赚钱的"欲望"，但是，无论如何，都不要让自己成为财富欲望的奴隶。

马克思说资本家对利润的追求是贪得无厌的，其实，不仅仅是资本家，我们每个人都有追求财富的动机，因为我们的生存需要物质，这无可厚非，但却有人过了头，把对金钱的追求当成了最终且唯一的目标。我们一定要谨记，君子爱财取之有道，以正道赚钱，人们才会信任你，否则，你就只能是自掘坟墓。

的确，任何人都要生存，于是，我们因地因时制宜，千方百计去挣钱，有的出卖自己的劳动力，有的出卖自己的知识，有的出卖自己的智慧，有的出卖自己掌握的信息。"人穷志短""一分钱难倒英雄汉"。然而，金钱，只有在消费的时候，才能体现出价值，放在家中，只是一堆废纸，甚至比废纸更让我们劳心费力；存在银行，只是一个数字，并不比一个普通数字更能带来乐趣。当我们过分看重金钱时，金钱就失去了它原本的使用价值。

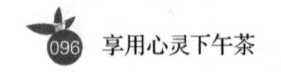

的确，我们每个人都渴望自己成功、拥有更多的财富。可当这一切都实现的时候，你真的快乐了吗？

我们说："君子爱财，取之有道。"什么"道"？说到底，也就是仁义之道——仁道。仁道是安身立命的基础，生活的原则。所以，无论是富贵还是贫贱，无论是仓促之间还是颠沛流离之时，都绝不能违背这个基础和原则，都不能成为金钱的奴隶。

调整心态，知足才能常乐

在现代社会，放眼所及，在我们的周围，充满着新奇、精彩的各种人、事、物，甚至连人们的衣、食、住、行、育、乐等各个方面，也随时都有着丰富多彩的选择。然而，当我们习惯了过着奢侈、繁华的生活时，有一些人反而会因此迷失了自己，或者是失去了正确的价值观，甚至有时候为了满足物质的欲望而疲于奔命，或者心生为非作歹的念头。

中国人常说"欲望无止境"，孔子也曾说过一句很有名的话："富与贵，是人之所欲也，不以其道得之，不处也；贫与贱，是人之所恶也，不以其道得之，不去也。"意思是：富贵是每个人都想要的，但如果不是用光明的手段得到的，就不要它。贫贱是每个人所厌恶的，但如果不是以正大光明的手段摆脱的，就不摆脱它。也就是说，我们每个人都有追求成功和幸福的欲望，但不能被欲望控制。

对某些人来说，生命是一团欲望，欲望不能满足便痛苦，满足便无聊，人生就在痛苦和无聊之间摇摆。这样的人生无疑是可悲的。

尼采说，人最终喜爱的是自己的欲望，不是自己想要的东西！能够控制欲望而不被欲望征服的人，无疑是个智者。被欲望控制的人，在失去理智的同时，往往会葬送自己。

我们先来看下面这样一则寓言故事：

一只正在偷食的老鼠被猫逮住。老鼠哀求："请放过我吧，我会送给你一条大肥鱼。"猫说："不行。"老鼠继续说："我会送给你五条大肥鱼。"猫还是不答应。老鼠仍不死心："你放了我，以后我每天送给你一条大肥鱼。逢年过节，我还会拜访你。"

猫眯起眼睛，不语。

老鼠认为有门儿了，又不失时机地说："你平常很少吃到鱼，只要肯放我一马，以后就可以天天吃鱼。这件事情只有天知地知，你知我知，其他人都不知道，何乐而不为呢？"

猫依然不语，心里却在犹豫：老鼠的主意的确不错，放了它，我能天天吃到鱼。但放了它，它肯定还会偷主人的东西，胆子越来越大。我再次抓住它，怎么办？放还是不放？如果放，它就会继续为非作歹，主人会迁怒于我，把我撵出家门。那时，别说吃到鱼，就连一日三餐都没了着落。如果不放，老鼠或其同伙就会向主人告发这次交易，主人照样会将我扫地出门。如果睁只眼闭只眼，主人会认为我不尽职守，同样会将我驱逐出去。一天一条鱼固然不错，但弄不好会丢掉一日三餐，这样的交易不划算。

想到这些，猫突然睁大眼睛，伸出利爪，猛扑上去，将老鼠吃掉了。

猫是聪明的，它的选择也是正确的。面对老鼠的许诺，它最终还是选择了一日三餐。一日三餐便是它的底线。猫当然希望一日一鱼，但连起码的一日三餐都保不住的话，一日一鱼便成了水中月、镜中花。

生命只有一次，而且时间是有限的，人生在世只有短短的几十年而已。所以，每个人都应该珍惜自己的生命，在有限的时间里不要让自己太疲惫，要让自己过得快乐一点。人活一世为了什么？就是为了快乐，快乐是人生最大的财富。

的确，人类最大的悲哀莫过于拿自己有限的生命去追逐无限的欲望，这个世界上有太多美好的事物，我们每个人都不可能得到所有，所以一定要学会知足。只有知足，才能长乐。一个人若是被欲望所左右，就会变得可怕，或许他们的物质条件会越来越好，但是却在永无止境的追求当中迷失了许多宝贵的东西，无法享受真正的快乐。

　　人之所以不快乐，就是因为不知足。实际上，人类自身的需求是很低的，远远低于欲望。房子再怎么大，也只能住一间；衣服再高贵，身上也只能穿一套；汽车再多，也只能开一辆在街上跑。能够认清楚这一点，那么我们就能够活得更加从容一点，更加豁达一点。更重要的是，我们将会有更多的时间和精力，来进行一些精神层次的追求和享受。

　　其实，应该说，人的幸福指数与其欲望是成反比的，想得到的越多，就会失去越多。我们自打出生那一刻起，就注定了会得到什么，失去什么，我们会得到父母的爱，但终有一天，父母也会离开我们；我们还会遇到事业上的不顺心、感情上的不如意甚至是朋友的背叛等，但人的精力是有限的，我们不可能什么都抓住，所以不必苛求那些得不到的东西或办不到的事情。过于执着，只会让你失去很多当下的快乐，因此，每个人都要学会"知足"，很多快乐都建筑在这两个字之上，如果你一辈子都在不停地满足自己一个又一个目标，却没有一丝一毫的幸福可言，那这样的人生又有什么意义呢？

第 07 章

远离计较，心胸宽广的人更易体悟幸福真谛

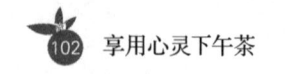

吃亏是福，是一种得到和补偿

月亮不可能永远盈，也不可能永远亏，天道尚如此，人间更难离这个规律。所以对盈亏，不要过于计较，因为很多事情，看似吃亏，实际上是一个得到补偿的过程。

孔子虽被后人尊为"至圣先师"，可生前却在穷困潦倒的境况下，还怀揣"仁者爱人"的理想周游列国，劝说一个又一个国君"治国以礼、为政以德"。尽管四处碰壁，"惶惶然如丧家之犬"，但他矢志不渝，仍"知其不可为而为之"。在他看来，个人吃不上肉、过着颠沛流离的生活、受人奚落侮辱、遭受驱逐暗算都是小事，"仁者爱人""克己复礼"才是大事。不能因贪图享受而坏了品行、乱了大德，不能因他人不理解和嘲讽就动摇信念，不能因饱受挫折而放弃对崇高理想的追求。

孔子不愧是伟大的思想家和教育家，他的"小不忍，则乱大谋"，是为那些要立志做国家栋梁、干大事的人而写的。在后来的历史中，韩信曾受过"胯下之辱"，但是他没和那些无赖小人一般见识，他在当上大将军后也没去报复那些小人，韩信干的是顶天立地的大事业，不会去与那些不值得计较的小人清算旧账；司马迁遭受宫刑，在肉体和精神上都受到摧残，但是却忍了常人不能忍受的痛苦，完成了历史巨作《史记》。

由此看来，孔子说的"小"是指为理想、为信念值得牺牲的东西，也就是"吃亏"。这些小亏可能事关富贵、荣辱、权利、甚至生命；孔子说的"大谋"，并不是在谋划或图谋一件对自己有利的事情，而是一项造福大众的大事。历史上不是就有像荆轲那样"一去不复还"的壮士、像谭嗣同那样"有心杀贼，无力回天"的君子、像秋瑾那样"如我上了断头台，革命成功至少可以提早五年"的江湖女侠吗？

当然，更多的时候，我们过的是平凡的生活，面对的是平常事物，因此，就算有阻力，无非就是要失去些什么平常的事物，也就是人们口中的吃亏。但是，更多的时候，正是这些接连不断的"吃亏"成就了最后的"大事"。

佛罗里达州有一位农夫，买到了一块非常差的土地，那片地坏得既不能种水果，也不能养猪，那里能生长的只有白杨树及响尾蛇。但是他没有因此而沮丧，而是冥思苦想以图改变目前的这种状态，他要把那片地上所有的东西变作资产。很快，他想到了一个好主意，他要利用那些响尾蛇。他的做法使每一个人都很吃惊，因为他开始做响尾蛇肉罐头。他的生意做得非常大。他养的响尾蛇体内所取出来的毒液，被运送到各大药厂去做治蛇毒的血清；响尾蛇皮以很高的价钱卖出去做鞋子和皮包；装着响尾蛇肉的罐头送到了全世界各地的顾客手里。每年来参观他的响尾蛇农场的游客差不多有两万人。有很多人买了印有那个地方照片的明信片，在当地的邮局把它寄了出去。为了纪念这位先生，这个村子现在已改名为佛州响尾蛇村。

看了这则故事，谁能说这个农民是吃亏了呢？"祸兮福所倚，福兮祸所伏。"正是因为有了前面的痛苦"吃亏"，才有了后面的成功。能吃亏的人很乐意承认自己的亏损，同时会想办法改变这一亏损。因此，吃亏不是一种消极、颓废，不是悲观、懦弱，相反，它是一种执着追求的精神，一种为人处事的风格，更是一个人成就大事的前提。

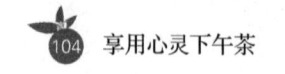

成大事者，不拘泥于眼前的小事

在生活中，我们常听到人们说："人无远虑，必有近忧。"这句话的含义是，如果你没有长远的打算，那么眼前就一定有麻烦。老人们也常常说："做事之前就要想到后面四步。"的确，人生在世，我们不能浑浑噩噩，而应该站得高、看得远，当然，我们不可能看得太远，但至少我们应该看见下一步。做事情，需要稳当、周全，不要急于求成，更不要被眼前的小事所累。一个成大事的人，眼光总是比身边的人看得稍远一点，不被眼前的小事所拖累，就会看得更远。

生活中，我们经常可以看到，那些成功者往往都思路开阔、目光长远，而那些目光短浅、"利"字当头、只在乎眼前的一点蝇头小利、什么亏都不能吃的人则无法获得长久的成功。由此证明，思路决定人生成败。

最近，公司打算提拔一批年轻人进入管理层，对此，公司年轻有为的小李兴奋不已：机会终于来了，煎熬的日子总算是过去了。小李其实在很久以前就瞄到了这个机会，当时，经理就话里有话："以后发展的机会多得是，不久以后，我们就有一次大的人事调动。"这么久以来，他都不为任何职位所动，就等待着这一天。

原来，早在六个月以前，公司就进行了部门内部的人事调整，当时，刚刚进入公司不久的小李满怀兴奋，希望能够借此机会翻身。谁料想，整个部门就十几个人，为了部门经理这一个位置，每个人都报了名。小李当时就泄气了，自己还去不去争取呢？如果去争取吧，自己只是一个新人，估计成功率很小；如果不去争取吧，又怕错失了这个机会。

正在小李思考的时候，坐在旁边的经理说道："年轻人，我挺欣赏你的，不过这一次，我奉劝你还是按兵不动，你去争取根本没有多大的胜算，首先，你的资历还不够，工作经验都没有，怎么有资格去争取；其次，你还年轻，后面的机会还多得是，以后我们公司还会进行大的人事调动，到那时候，你已经羽翼渐丰，则可以赢得更好的职位。"小李听了，顿时醒悟。

果然，经过了六个月的历练，小李在公司有了一定的人望，再凭着他在工作上优秀的表现，在又一次人事变动中，小李轻轻松松就坐上了销售总监的位置。

在现实工作中，小到一个职员，大到一个公司，都需要有长远的打算，如果你只着眼于眼前的蝇头小利，那你迟早有一天将被利益所吞噬。其实，即便是再小的工作也不能含糊，对于这样一件事情我们也需要谋算，将自己的眼光放得更长一些，不为眼前的小事所累，学会忍耐，这样我们的职场之路才会走得更远。

在生活中，许多人之所以会不断地失败，那是因为只看到了眼前事情所带来的麻烦，做事不彻底，往往做到离成功尚差一步就停止不做了，自然，他们也就与成功失之交臂了。对于我们来说，在做每一件事情时都需要有长远的眼光，不计较眼前的小事，而是关注于长远的发展，从而达到舍小利而保大局的目的。在现实生活中，有的人鼠目寸光，吃不得眼前亏，心胸狭隘，容不得一点损失，最终，他们难以成就大事。

因此，生活中的人们，一定要舍弃得过且过或者"当一天和尚撞一天钟"的思维习惯，而应该做到"明日事，今日思"，待到完成了今天的事情，就考虑"明日事，如何为？"长此以往，你就锻炼出了灵活的思维习惯，考虑事情时自然能从大局出发，很多鼎鼎有名的富翁获得财富的过程就是运用了这样一种思路。

少一分计较，就多一分随遇而安

在生活中，很多人因为心眼太小、心胸狭隘、过于注重自己的利益而斤斤计较。实际上，斤斤计较非但不会使你得到更多，有的时候，反而会事与愿违，导致你失去更多。很多时候，斤斤计较的人看似在小事上得到了很多利益，但是却给别人留下了恶劣的印象，导致别人不愿意与其进行更加长久的合作。如此想来，岂不是失去更多？当然，斤斤计较的人除了失去一些合作的机会和利益之外，还会失去最宝贵的资源——朋友。通常情况下，斤斤计较的人因为心胸狭隘，很难拥有良好的人际关系。和朋友在一起的时候，他们因为谁请谁吃饭喝茶，谁买单的问题而颇费脑筋，最终，他们不再需要因为和朋友吃饭谁买单的问题而大伤脑筋，因为他们早就已经失去了朋友。

古人云，水至清则无鱼，人至察则无徒。意思是说，假如水太清了，鱼儿就无法生存，假如人太过于精明了，把凡事都看得很清楚，那么就很难有朋友。同样的道理，在人际交往的过程中，假如一个人算计得太清楚了，即使是交好的朋友，也会失去。其实，很多人在交朋友的时候都喜欢"马大哈"，他们显得傻傻的，但是却很可爱，他们无私地为朋友付出，也得到朋友无私的回报。这是因为人与人之间的交往是相互的，你想要得到多少，那么你首先应该主动付出多少。有些人在与人交往的时候总是不见兔子不撒鹰，或者是临阵磨枪，到用得着别人的时候再拎着礼品去拜访，这样未免有些司马昭之心，昭然若揭。实际上，人人都不傻，只不过，有人的精明总是摆在桌面上，而有人的精明则深深地埋藏在心底。假如你能够意识到斤斤计较反而更容易失去更多这个道理，那么你就能够逐渐改变自己的行为方式，学会更好地与人相处。

苏菲在班级里的口碑非常好，几乎每个同学都友好地对待她，因为她总是能够真诚地帮助同学们解决一些问题。但是，近来，苏菲在同学们中的口碑却一落千丈，几乎每个同学对她都唯恐避之不及。原来，这都是一次选举惹的祸。

近来，学校得到了一个名额，要评选出一名德智体美劳全面发展的同学成为整个地区的优秀学生。苏菲之前在班级中表现得非常优秀，这次也特别想争取到这个名额，因为被选中的同学很有可能将于毕业的时候被直接保送研究生。其实，为自己争取一个难得的机会本是无可厚非的，但是，苏菲错就错在不应该明目张胆地给自己拉选票。大家都知道，大学环境还是相对比较单纯的，每个同学心中都有自己的一杆秤。原本，苏菲只要像平时一样对待同学们就足够了，但是，苏菲却一反常态，更加热情地对待同学们。她每天都利用午饭时间请各个同学吃饭，这使同学们非常反感，因为她的功利性太强了。在吃饭的时候，她还会非常明显地讨好同学们，并且许诺一些好处。如此一来，原本对她印象非常好的同学反而都不愿意选她了。最可怕的是，苏菲居然公开诋毁那名与她竞争的同学，说那个同学的坏话，把一些莫须有的罪名加到那个同学的身上。

最终，苏菲虽然得到了那个宝贵的名额，但是却失去了同学们的信任。大家都在私底下议论纷纷，说苏菲肯定是也对负责这件事情的老师采取了公关的态度，所以才能够使自己顺利当选。他们都觉得苏菲的城府太深了，手段也过于社会化。因为计较这个名额，太想得到这个名额，苏菲失去了同学们的信任，这使她在之后的大学生活中如履薄冰。

其实，苏菲原本可以一直保持自己在同学们心目中的美好形象，然而，在这个荣誉面前，她却没有把持好自己。要知道，没有人愿意被别人当成是一颗棋子，也没有人愿意和一个自己看不透的人打交道，苏菲虽然得到了那个珍贵的荣誉，但是却失去了同学们的信任，孰轻孰重可想而知！很多时候，计较是性格中的缺点，它是我们在生活、工作和事业上的绊脚石，很容易使人们在不经意之间失去更多的东西。

富有并不仅指拥有的东西多，还要计较得少。假如你也想使自己成为一个富有的人，你就应该放宽胸怀，远离斤斤计较，多一份随遇而安！

人无完人，试着用宽容的心去接纳

印度诗人泰戈尔曾说："不让自己快乐起来是人最大的罪过。"生气就是跟自己过不去，面对他人的攻击，能够保持镇定的人，才是生活的智者。所以说，不要为别人犯下的错误而烦恼，细想一下，一些事办砸了可能就无法挽回，你只能吃一堑，长一智，如果为此天天寝食难安，乃至忧虑和烦恼缠身，就不值得了。假如他人能够诚心改过，那么我们应该试着用宽容的心去接纳，因为人无完人，很多不触及底线的事情我们可以选择原谅，这不仅是对他人的宽恕，也是对自己心灵的一种释放。

古希腊神话中，有一个关于仇恨袋的故事。

赫格利斯是一个威风凛凛的大力士，所向披靡、无人能敌，人们听到他的名字都会觉得心惊胆战。所以，春风得意的赫格利斯踌躇满志，他一直宣称自己今生最大的遗憾就是没有对手。

一天，赫格利斯走在一条狭窄的山路上。突然，一个什么东西把他绊了一个趔趄，险些让他摔倒在地上。赫格利斯很生气，走上前定眼一瞧，原来脚下躺着一只囊袋，他猛命地踢了它一脚来泄愤，但是那只囊袋不但纹丝不动，反而气鼓鼓地膨胀起来。

赫格利斯看到囊袋涨起的样子，像是在向他宣战，于是更加愤怒了，他挥起拳头又朝囊袋狠狠地一击。但是，囊袋依然一动没动，只是迅速地膨大着。

赫格利斯暴跳如雷，他拾了一根木棒朝囊袋砸个不停，但他越用力，囊袋就像故意向他示威似的越胀越大，最后把整个山道堵得严严实实。气急败坏却又无可奈何的赫格利斯累得躺在地上，气喘吁吁。

这时，一位智者走过来，他早已经在旁边观察赫格利斯很久了，他问倒在地上的赫格利斯："你为什么这样呢？"

赫格利斯懊恼地说："这个东西真可恶，存心跟我过不去，把我的路都给堵死了。"

智者淡淡一笑，平静地说："朋友，这个囊袋叫'仇恨袋'。如果你不理会它，或者干脆绕开它，它就不会跟你过不去了。你越生气，它就会胀得越大，所以才会把你的路堵死。"

赫格利斯越是生气，就越是与"仇恨袋"过不去，结果还是把自己的路堵得死死的。想想又何必这么较真呢？其实，生活中很多人总是遇事"小心眼儿"，活得过于认真，因此非常容易被他人的一点过失惹恼，其实人是群居动物，难免遇到很多磕磕绊绊。生气只是拿别人的错误惩罚自己。心宽一点，容纳得多一点，那么你的心情自然就会好很多。

李杨刚刚走出校门参加工作，不懂职场人情世故的他老是受一些委屈。比如说那些老员工总是给他安排一些琐碎的事情，还有的同事总是排挤他，遇到问题就对他恶言相向，他也总是被推到最前面来承担责任……对此，李杨感到非常生气，也非常难过，但又不知如何摆脱。

在这样的情况下，他找了一位比较有阅历的长辈诉说。长辈听了李杨的抱怨后，十分平静地问道："你的家中偶尔也会有客人或者很要好的朋友到访吧？"

"那是当然的，为什么问这个呢？"李杨回答道。

"当家里来客人的时候，你会不会好好地招待他们呢？"长辈就接着问。

"当然会了。"李杨说。

"如果当你为他们准备好菜肴之后，客人们却没有留下来，那么这一桌菜肴应该归谁呢？"长辈问道。

"如果这样的话，那只能我自己去吃了呀！"李杨这样回答。

长辈笑了笑，看着他，说道："是的，你应该明白，你们公司的同事对你不满意，或者是与你作对的时候，如果你不放在心里，不去接受这一切，那么，那些斥责还是属于他们的。"

最终，长辈以平静的语气对李杨说道："他人对你传达了一些不良的情绪，很恼怒地对待你，如果你以牙还牙，这其实并不是什么明智之举，只会让矛盾更加严重。可是不反击你又难过，那么你应该怎么做呢？当面对他人愤怒的时候，你要以正念镇定自己，这样不但能战胜自己，也能战胜他人。"

听罢这话，李杨顿时领悟了。回到公司之后，李杨对别人的苛责总是以微笑应对，最终感化了其他的同事，成为部门最受欢迎的人，不久之后，就升了职。

你改变不了别人，那就改变自己，开阔自己的心胸，不要再让一些琐事扰乱自己的生活。保持一种平和的心态对于为人处世有着很大的意义，它会为你营造一种更为和谐的氛围，也会让自己变得更加坦然、优秀。

总之，你不要对别人要求过高，否则就会因内心得不到满足而过于烦恼，也不能对别人"全盘否定"，因为"人无完人"。如果过于计较个人的得失，你就会经常陷入焦躁不安之中，心绪不能平静，起起伏伏，最后忧郁难过的还是自己。

凡事往宽处想，好运就不会远离

细心的人们，你们是否发现，在生活的周围，有这样两类人：一类人，他们的脸上总是挂着微笑，无论遇到什么事，他们都会积极面对，他们也似乎都有解决的方法，因此，他们生活得幸福、坦然，路也越走越宽；还有一类人，遇事他们总是往坏的一方面想，于是，他们总是感到心境低迷，整日郁郁寡欢。那么，你更愿意做哪种人？当然是前者！有句话说得好："乐观者在灾祸中看到机会，悲观者在机会中看到灾祸。"凡事往宽处想，好运就不会远离。

苏轼《题西林壁》云："横看成岭侧成峰，远近高低各不同。不识庐山真面目，只缘身在此山中。"看似浅显，其实饱含生活哲理。人人都要面对红尘命运中的各种磨难和悲辛，身在其中，心思却能够跳脱其外，以那种怀禅的释然、纳海的胸襟、平和的意绪，坦然面向过往未来一切莫测的事变，那么就能尽享祥和。

有这样一则堪称"神奇"的故事：

曾经有一对年过40的夫妻，他们在进行年度身体检查时，却发现自己患了绝症：妻子得了乳腺癌，丈夫患了严重的动脉血管疾病，医生坦言他们只剩下半年时间了。这简直犹如晴天霹雳，他们原本幸福的生活似乎一下子就要破灭了。

然而，这对夫妻并没有就此在哀怨中生活，他们想了想，还有半年时间，足够他们完成这辈子最想做的事了——环球旅行。于是，他们卖掉了他们十年前才还清贷款的房子,并很快就出发了。

在他们的旅行过程中,他们几乎忘记了生病这一回事,格外珍惜每一天,他们仿佛回到了20年前他们刚结婚的时候,那时候,他们没钱,忙于工作和照顾孩子,但现在他们有机会了,看到他们甜蜜的样子,没有人会想到他们是一对生命即将结束的病人。

5个月后,他们的旅行结束了,按照规定,他们还需要做一次检查,但在看检查结果时,连医生都惊呆了,他发现二人的癌细胞已经消失,连丈夫的动脉血管阻塞也好了许多,这个结果让医生感到匪夷所思。

后来,医院对这一对夫妇的情况进行了研究,他们认为这是积极情绪的作用,快乐的人脑内会分泌内啡肽,它会增加体内的免疫细胞,进而增强对抗癌细胞的能力,让人重新获得健康。

这简直是个奇迹!因此有人说,心态决定人生,积极乐观的心态是成功的源泉,是生命的阳光和温暖,而消极的心态是失败的开始,是生命的无形杀手。

当人生的不幸来临时,积极的心态是一个人战胜一切艰难困苦,走向成功的推进器。积极的心态,能够激发我们自身的所有聪明才智;而消极的心态,会遮蔽人们才华的光辉。

雨后,一只蜘蛛艰难地向墙上已经支离破碎的网爬去,由于墙壁潮湿,它爬到一定的高度,就会掉下来,它一次次地向上爬,一次次地又掉下来……第一个人看到了,他叹了一口气,自言自语:"我的一生不正如这只蜘蛛吗?忙忙碌碌而无所得。"于是,他日渐消沉。第二个人看到了,他说:"这只蜘蛛真愚蠢,为什么不从旁边干燥的地方绕一下爬上去?我以后可不能像它那样愚蠢。"于是,他变得聪明起来。第三个人看到了,他立刻被蜘蛛屡败屡战的精神感动了。于是,他变得坚强起来。

对待同一样事物,几个人的看法不同是很正常的。就像人也有两面性一样，问题在于我们自己怎样去审视，怎样去选择。面对太阳，你眼前是一片光明；背对太阳，你看到的是自己的阴影。

积极乐观的人生态度，指的就是无论命运给了我们怎样的"礼物"，都不要忘记告诉自己一定要往宽处想，要微笑着看待一切。看开点，你才能将利于自己的局面一点点打开。在饱受约束的现实生活中，要让心灵快乐地飞翔，我们必须要打开自己的心扉。

日常生活中，丢了钱财，路遇堵车，看起来很倒霉，悲观的人或许会为此懊恼一整天，认为老天对自己不公平，结果心里十分不开心，在工作生活中带着这种郁闷的情绪，这对自己有什么好处呢？反过来，把这些不顺心当作生活中的冒险，乐观地看待，你或许会有另外一番心情……抱着这样的态度，看待生活，还会有什么不开心的事，还会有什么烦恼呢？

有这么一句流行语：好的情绪带你进天堂，坏的情绪带你住牢房。想要增强运用情绪的能力，就需要我们做到时时心存感激，不忘欣赏生活的美好，保持均衡的生活，让每一天都过得有意义。

有本书上说过："思想……能令天堂变地狱，地狱变天堂。"其实生活的状态如何、是否快乐和幸福，选择权就在我们自己手中……相信自己能做个乐观、积极的人，相信自己能做个神采飞扬的人，那么，你看待事物的眼光也会转向积极乐观的一面。

总之，生活中的人们，无论命运把你抛向任何险恶的境地，你都要毫无畏惧，用你的笑容去对付它！而如果你能选择不把挫折当成放弃努力的借口，那么，或许你可以用一个新的角度，来看待一些一直让你裹足不前的经历。你可以退一步，想开一点，然后你就有机会说："或许那也没什么大不了的！"

第08章

学会遗忘,忘记伤痛才能开启新人生

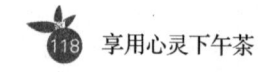

人要向前看，才会有希望

人生就像变幻莫测的天空，刚才还晴空万里，转眼间就阴云密布、倾盆大雨。但这些都是上一秒发生的事，人要向前看，不管过去多么悲伤失意，过去的总归已经过去，只有向前看，才会有希望。

人活于世，谁都有不愿提起和想起的伤心往事，这被人们称为"旧伤"。它不像电脑程序一样可以被人删除、剪切，它只能靠我们自己来修复。那么，我们该怎样从心理的角度"修复"那些旧伤呢？

1. 不要强迫自己去忘记某件事情，把一切交给时间

忘记任何一件痛苦的事，都需要一个过程。因此，有时偶尔会想起它，其实也无妨。当你想起它时，你可以对自己说：那都是过去，看我现在多快乐啊！相比过去而言，现在的我是多么的幸福啊！……人要往前看，往好处想。这样，随着时间的流逝，那些过去也就真的成为"往事"了。

2. 转移注意力，不给"旧伤"复发的空隙

你可以从现在起把你的时间排满，做一点别的事情来转移自己的注意力。开拓你的生活圈子，关心你的朋友、你的亲人。这样你会觉得快乐，痛苦的回忆也就无从想起。

3. 找到适当的发泄方式

你可以试着找真诚的朋友听你诉说心里的苦闷，多听听他人的意见，多从积极而乐观的角度去想事情，微笑着看待生命中的每件事。同时，你也可以找到其他适合自己的放松和发泄方式，例如逛街、欣赏音乐、跳

舞、跑步、看书等。

可见，乐观豁达的态度，无论对于你自己，还是生活在你周围的人，都能带来积极的情绪以及提高成功的概率。思维心理学专家史力民博士指出："乐观是成功的一大要诀。"他说，失败者通常有一个悲观的"解释事物的方式"，即遇到挫折时，总会在心里对自己说："生活就这么无奈，努力也是徒然。"由于常常运用这种悲观的方式解释事物，人们无意中就丧失斗志，不思进取了。

总之，我们需要知道，笑对人生，生活不会亏待每一个热爱它的人。生命是一次航行，自然会遇到暴风骤雨，那么，我们该如何驾驶生命的小舟，让它迎风破浪、驶向成功的彼岸？这需要勇气，需要以一种平常心去面对！

学会遗忘，才能减轻心灵的负担

　　生活是琐碎的，每个人的记忆之河中都承载了无数的往事。有些往事使我们感到温暖，在回想起来的时候，你会觉得世界充满了爱；有些往事使我们倍受激励，在回想起来的时候，你会觉得浑身都充满了力量；而有些往事则使我们觉得彻骨的寒冷、深深的绝望，在回想起来的时候，你会觉得心中充斥着憎恨，甚至沮丧绝望。对于给我们带来正面能量的往事，我们应该记住，用它们时时激励自己；对于给我们带来负面能量的往事，我们应该学会遗忘，只有这样，我们才能享受到更多的快乐。人生就像是一趟旅程，假如你的行囊中背负了太多的东西，那么你就会觉得无比沉重，甚至因此而举步维艰。既然如此，我们就应该学会减轻自己心灵的负担，这样才能轻松前行。

　　在学习的过程中，我们希望自己有个好记性，能够记住老师所教授的知识。然而，在生活的过程中，我们希望自己记性不好，因为记性不好的人有着一颗赤子之心，每天看待生活的视角都是新鲜的。尤其是在受到伤害的时候，大多数人选择记牢，然后伺机为自己报仇雪恨。然而，这并不是一种好的选择。因为记住仇恨，对于我们自身而言也是一种莫大的伤害，因为记性太好，我们把本应该当天就忘记的伤害牢牢地记住了一年、十年，甚至是一生……而及时忘记的人呢？他们虽然受到了伤害，但是却在第一时间里把这种伤害控制在最小范围内，因为忘记，他们得以彻底地解脱自己，从而心无牵挂地奔赴美好的未来，享受生活。由此可见，要想

第08章 学会遗忘，忘记伤痛才能开启新人生

拥有快乐的生活，我们就必须学会遗忘。

李静有一个很爱自己的老公，生活得非常幸福。不过，近来她和老公总是吵架，起因是婆婆。李静和婆婆的关系一般，主要是因为有代沟，而且生活习惯也不同，所以婆媳见面了像客人一样客客气气的。

去年春节回老家的时候，李静给婆婆买了一条金项链，但是，婆婆刚刚戴了一天，就不小心把项链弄丢了。李静非常生气，毕竟这是她送给婆婆的礼物，而且价值不菲。李静觉得心里很不痛快。过年的时候，婆婆没有经过他们的同意就把他们新买的车允诺给邻居家儿子结婚当婚车使用，李静气得和婆婆大吵一架。虽然春节已经过去了，李静一家三口也已经回到了城里的小家，但是李静只要一想起这件事情就气不打一处来，还总是在老公面前叨唠这件事。刚开始的时候，老公还好言相劝，并且说以后不给父母买贵重东西了，而且也丝毫没有偏袒自己的妈妈，承认妈妈把车私自借给邻居用是不对的。但是，时间长了，老公也渐渐地烦了。等到李静再提起这件事情的时候，老公就会很不耐烦地说："你的记性可真好啊，打算记一辈子吗？"一次争吵之后，李静和自己的好姐妹说了这件事情，姐妹连声责备李静说："你可真是糊涂啊，事情已经过去了，项链也丢了，车子人家也用过了，你难道还要因为这件事情影响你们的夫妻感情嘛！"真是一语惊醒梦中人，李静不由得吓出一身冷汗：事情已经过去了，除了伤害夫妻感情之外，翻来覆去地说真是没有任何好处。再怎么说，婆婆也是把老公辛辛苦苦养大的，换了是自己，即使亲妈再怎么不对，也不能总是指责和批评。从此以后，李静再也没有说过关于婆婆的坏话，还隔三差五地给婆婆打电话表示问候，和老公的感情也恢复如初，再也不吵架了。

婆媳关系是最难相处的关系，因为婆婆和媳妇总是在争抢一个男人。然而，婆媳关系又是必须相处好的关系，否则，男人就会变成双面胶，整

天受到亲妈和媳妇之间的夹板气。李静和老公的感情原本很好，但因为总不能忘记婆婆的过失而险致夫妻关系失和。幸运的是，闺蜜的话及时地点醒了她。要想和婆婆相处好，最好的办法就是记住婆婆的好处，忘记婆婆做得不周到的地方。

  其实，不仅婆媳之间需要如此相处，即使是和普通的朋友相处，也需要学会遗忘。人非圣贤，孰能无过，因为生活环境和成长背景的不同，人与人在相处的时候难免会产生一些摩擦，遇到这种情况的时候，倘若心胸狭隘，对一些小矛盾耿耿于怀，最终只能导致自己身边的朋友越来越少。记住，相处之道就是记住别人的好处，忘记别人的不好，这样除了能够使人际关系变得更加融洽之外，更能使自己的生活变得更加快乐！

别负重前行，忘却是最好的减负方法

在漫长的人生之中，重要的事情有很多，但是并非每件事情都是有意义的。背负着这些毫无意义的事情一路向前，必然觉得疲惫不堪。聪明的人不会在人生路上负重前行，而是能够积极地为自己减负。减负的方法就是遗忘。

曾经，有个年轻人找到智者，向智者倾诉自己的人生非常沉重，毫无意义。智者什么也没说，只是让年轻人拿起一个背篓上山，并且沿途捡起他以为独特、美丽的石子。年轻人按照智者说的去做，才刚刚走到半山腰，他的背篓就几乎已经装满了石子。他步履艰难，气喘吁吁。好不容易走到山顶，年轻人抬起头，发现智者正在山顶等他呢！看到年轻人，智者又让他紧接着下山，并且让他每下一个台阶，就扔掉一颗石子。就这样，年轻人走一步扔掉一个石子，居然越走越轻松，到了山下连一滴汗都没流出来。年轻人再次来到智者身边，智者说："人生要想轻松，就该和下山一样。"年轻人幡然大悟。从此之后，他再也不背负那些毫无意义的事情，凭它们压弯自己的腰背。相反，他学会了遗忘，每次遇到不开心的事情，都能将它们甩掉。由此一来，他感到越来越轻松，再也不觉得人生无望了。

结婚3年来，闫女士和老公的感情一直很好。然而，随着孩子的出生，闫女士与老公的感情却越来越差，他们之间经常争吵。原来，闫女士有了孩子之后，不想放弃工作，想让婆婆过来帮忙带孩子。但是公婆因为要留在家里带大儿子家的两个孩子，所以无法过来帮助闫女士。对此，闫女士意见很大，总是对老公说："你爸妈到底是怎么回事呢？你到底是不是他们亲生的？你要是他们亲生的，他们已经给你哥哥家里带了十几年的孩子，现在轮也该轮到帮我们带孩子了吧！我看，你爸妈对他们的大孙子、大孙女，比对你这个儿子重视多了。"

就这样，每次吵架闫女士都会拿出这番话来指责老公，刚开始时，闫女士老公自觉父母偏心，也不敢反驳，然而随着闫女士说的次数多了，她的老公也会愤愤地说："你想让他们带，就把孩子送回老家去。自己舍不得送，就别说人家不给你带。"由此一来，矛盾升级，闫女士和老公吵得越来越厉害。渐渐地，闫女士发现老公回家越来越晚，不由得着急起来。归根结底，公婆是否来带孩子还是小事情，孩子不能连爸爸也没了呀！在咨询心理咨询师之后，闫女士意识到他们夫妻感情急剧恶化的原因，是她总是旧话重提。在心理咨询师的建议下，闫女士决定再也不揭公婆不给带孩子的短，让老公在家里也恢复之前的地位和自尊。

果不其然，一段时间之后，闫女士和老公完全和好如初了，闫女士也彻底忘掉了公婆不给带孩子的委屈和愤恨。

事例中的闫女士假如继续记牢公婆不给他们带孩子的事情，并且经常以此作为借口和老公吵架，那么日久天长，老公夹在闫女士和自己的父母之间无法自处，必然会因为压抑出现不满，婚姻的稳定性也会受到很大的影响。其实，现实生活中的很多夫妻之所以吵架，并不是因为多么重大的事情，而都是因为鸡毛蒜皮的小事。

人生在世，总是面临各种各样的不愉快。在这种情况下，我们与其牢记这些不愉快，就像闫女士一样时刻提醒身边的人这些不愉快的存在，不如及时忘掉这些不愉快，这样一来至少能够做到心胸开阔，也可以无忧无虑地面对生活。从这个角度而言，学会遗忘是一种很重要的本领，也能够帮助我们获得幸福和快乐的生活。

放下心中执念，就拥有了人生中最美好的一切

生活中，我们很喜欢那些爱笑的人。当我们看到纯真的婴儿脸上挂着纯真的微笑时，我们的心简直都要被融化了。这就是微笑的魔力，它能够瞬间消除人与人之间的陌生感和距离感，也能帮助我们成功征服他人的心。遗憾的是，有很多人都不喜欢笑，似乎苛刻的命运欠了他们很多钱没有还一样。殊不知，他们的愁眉苦脸也感染了命运，使得命运不再善待和青睐他们，而是给予他们如同他们的脸色一样阴郁的色彩。这样的结果，显然不是任何人想要看到的。

你知道你的烦恼、忧愁和焦虑，都来自哪里吗？也许你误以为它们来自外界，来自生活的不如意。实际上，有很多人的命运比你更加悲惨，但是他们却活得乐观开朗，从未因为噩运到来而让自己愁眉苦脸。难道他们不担心吗？他们也很担心命运无常，他们也为未来的人生没有着落感到痛苦。但是他们依然笑对生活，因为他们很清楚痛苦、忧愁和烦恼对于糟糕的事情毫无用处，只会使事情变得越来越糟糕而已。我们必须知道，那些所谓成功的人、伟大的人，他们的命运和我们同样糟糕，甚至比我们更糟糕，而他们之所以能够获得成功，就是因为他们的心底有微笑绽放。

1929年，贝克因为巨大的压力，患了胃溃疡。一天晚上，他突发胃出血，被家人紧急送往医院进行抢救。那段时间，贝克的体重从180磅，变成了90磅。在给贝克治疗的过程中，有个非常权威的医生甚至宣布贝克已经无药可救了。在医生们的强烈建议下，贝克停止正常进食，而是每隔一个

小时就吃一大汤勺半流质的食物，赖以为生。每天清晨和傍晚，贝克还得通过插胃管，清理胃里残留的食物。就这样，贝克度过了好几个月艰难的治疗阶段。

最终，贝克痛定思痛，暗暗想道："既然我已经快要死了，还不如利用死前的这段时间，去做自己想做的事情呢！"贝克这么想完之后，豁然开朗，决定要去进行梦寐以求的环球旅行。虽然医生们都不建议他离开医院，但是他承诺自己会每天两次清洗胃部。最终，贝克好不容易才说服家人同意他去旅行。为了防止旅行途中发生意外，贝克还为自己准备了一口棺材随船带着，并且把自己的身后事都安排给家人。出乎他的预料，当他浑身轻松地踏上轮船，开始航程时，他觉得自己的情况变得好多了。在船上，他的每一天都生活得无忧无虑，如同一个已经死去的人一般无牵无挂。他和同船的人们一起唱歌、跳舞、聊天，还与他们一起欣赏海面上壮观的景色。随着三个月的行程结束，贝克的体重居然重新增长到180磅，而且经过医生的诊断，他的胃溃疡也已经神奇地痊愈了。

胃溃疡受到情绪的影响很大。尤其是对于郁郁寡欢的人而言，胃溃疡最容易变成恶病缠身。巨大的压力，忧郁的心情，都会影响我们至关重要的消化器官——胃。因此，我们必须调整好自己的心情，才能避免像贝克一样被胃溃疡折磨得不成人形。不过，贝克胃溃疡痊愈的过程也很神奇。贝克已经安排了自己的身后事，因而彻底做到毫无忧虑地踏上人生的最后旅程。而恰恰是因为他处于这种无牵无挂、无忧无虑的状态，才能以好心情养好他的胃。所以朋友们，要想拥有健康的身体，就要拥有好心情，就要放下那些自寻而来的烦恼。

我们所看到的一切，都是我们内心的折射。现实生活中，有极少数癌症病人的疾病不治而愈，也与他们积极乐观的精神有着密切联系。他们的心底盛开着微笑之花，所以他们的人生也才能如花般绽放。假如他们的心底充斥着忧愁苦闷，他们的人生怎么可能幸福快乐呢？朋友们，别再固执地保持严肃认真、郁郁寡欢的表情啦！笑一笑，十年少，当你真正成为少年，你也就拥有了自己人生中最美好的一切。

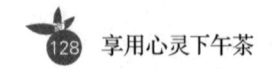

忘却仇恨，就是放过了自己

幸福永远是人类追求的终极目标，而与幸福相对的就是痛苦。痛苦从何而来？其中一个重要源头就是仇恨，它是你感情上的累赘。仇恨引致报复，而报复使仇恨延续。正所谓冤冤相报何时了？将心比心，你也知道恨一个人的痛苦，何必要多一个让自己痛苦的理由呢！

面对他人的伤害，不妨放下吧，别把恨意放在心里，它会让你失去理智。仇恨有什么意义呢？何不放下它，保留一个完美的结局，而非"两败俱伤"。当你放下仇恨的时候，你会发现，你的内心格外明亮，会发现做人原来是这样轻松惬意，幸福心情是这样垂手可得，人生是这样美妙神奇。

从前，有一位德高望重的禅师，每年，他所在的寺庙都会有很多香客前来烧香拜佛或找禅师解惑。

这天，寺里来了一些人，这些人告诉禅师，自己内心都藏有仇恨，并且被仇恨折磨得很痛苦，希望禅师能给予良方，帮他们消除痛苦。

禅师听他们诉说完以后，只是笑着回答："我屋里有一堆铁饼，你们把自己所仇恨的人的名字一一写在纸条上，然后一个名字贴在一个铁饼上，最后再将那些铁饼全都背起来！"大家不明就里，但都按照禅师说的去做了。

于是那些仇恨少的人就只背上了几块铁饼，而那些仇恨多的人则背起了十几块，甚至几十块铁饼。

一块铁饼有两斤重，背几十块铁饼就有上百斤重。仇恨多的人背着铁饼难受至极，一会儿就叫起来了："禅师，能让我放下铁饼来歇一歇吗？"禅师说："你们感到很难受，是吧！你们背的岂止是铁饼，那是你们的仇恨，你们可曾放下过你们的仇恨？"大家不由得抱怨起来，私下小声说："我们是来请他帮我们消除痛苦的，可他却让我们如此受罪，还说是什么有德望的禅师呢，我看也就不过如此！"

禅师虽然人老了，但是却耳聪目明，他听到了这些人的抱怨，但却一点也不生气，反而微笑着对大家说："我让你们背铁饼，你们就对我仇恨起来了，可见你们的仇恨之心不小呀！你们越是恨我，我就越是要你们背！"有人高声叫起来："我看你是在想法子整我们，我不背了！"那个人说着当真就将身上的铁饼放下了，接着又有人将铁饼放下了。禅师见了，只笑不语。终于大部分人都撑不住了，一个个将身上的铁饼扔了。禅师见了说："你们大家都感到无比难受了，都放下吧！"剩下的人一听也立即将铁饼放了下来，然后坐在地上休息。

禅师笑着说："现在，你们感到很轻松，对吧！你们的仇恨就好像那些铁饼一样，你们一直把它背负着，因此就感到自己很难受、很痛苦。如果你们像放下铁饼一样放弃自己的仇恨，你们也就会如释重负、不再痛苦了！"大家听了不由得相视一笑，各自吐了一口气。

禅师接着说道："你们背铁饼背了一会儿就感到痛苦，又怎能背负仇恨一辈子呢？现在，你们心中还有仇恨吗？"大家笑着说："没有了！你这办法真好，让我们不敢也不愿再在心里存半点仇恨了！"

正如禅师所说，仇恨是重负，一个人不肯放弃自己心中的仇恨，不能原谅别人，其实就是自己在仇恨自己，自己跟自己过不去，自己让自己受罪！仇恨越多的人，他也就活得越痛苦。一个人没有仇恨之心，他才能活得快乐！因此，从现在起，如果你心头有恨，不妨放下吧，放下之后你会发现，你就像卸下了一块大石头一样轻松。

人类是这个世界上情感最为复杂的动物，人们宽容、善良，有爱心，但却同样有一些负面的情感，例如仇恨。仇恨是人类情感的毒素，仇恨所产生的报复行为在这个世界上随处可见。因为仇恨，有些人嗜杀；因为仇恨，有些人与亲人反目成仇；因为仇恨，有些人与朋友老死不相往来。仇恨不仅危害社会，伤害他人，同时也伤害自己。仇恨吞噬生命、肉体和精神的健康。放下它，不仅释放了别人，更释放了你自己。

　　"爱人者，人恒爱之。"仇恨则使人们相互倾轧、相互远离，是让我们相互依存的同盟分裂、瓦解的东西，所以，放下仇恨，放过别人，也放过自己。生活中的许多小摩擦、小误会你大可以一笑了之。与人为善，也就与己为善；与人方便，即与己方便，或许你会因此活出自己的新天地。

第09章

丢掉心灵的疲惫,去发现生活的美好

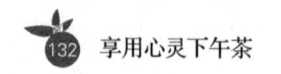

别忘奖励自己，主动调整饮食和作息

生活中，我们每个人都深知努力工作的重要性，只有努力工作，才能带来充裕的物质生活，但我们要记住，工作不是人生的全部，如果负荷太大，会给一个人的身心造成很大的威胁，因此，在紧张繁忙的工作之余，要学会给自己一些奖励，以此来调动生活和工作的兴致，提高工作效率和生活质量。这里所说的奖励，主要是指主动地给自己适当的休息和合理的饮食。

工作并不是生活的全部，过度的脑力劳动和体力劳动都会导致人生理上和心理上的疲劳，引起工作效率低下，令人产生焦急和紧张的情绪。如果能够合理安排工作时间，做到劳逸结合的话，不但能够缓解大脑和身体的疲惫，同时也可以放松紧张心情，减轻心理压力。特别是上班一族，要想保证高效率的工作与生活，充足的休息才是最重要的。当然想要缓解内心的压力，只是补充一些睡眠是绝对行不通的。

那么，我们该如何规划休息和饮食呢？

1. 多花点时间和家人朋友聚聚

对于任何人来说，工作都不是全部，我们还有家人、朋友，只有他们才是我们生活的支柱。因此，在工作之余，要合理安排好时间与家人和朋友聚在一起聊天、放松。大家可以互相交流一下双方当前工作、生活上的事情。利用这些共享的时间，一方面可以加深双方之间的感情，另一方面，也可以接收一些新的知识。通过短暂的交流还可以有效地化解工作中紧张的神经，从而缓解心理压力。

2. 独处时做自己喜欢的事

想要科学合理地调节自己的心理，在与朋友家人共享欢乐时光之外，还应该保证好充足的个人休息时间。利用这段时间你可以补充睡眠，听音乐，参加舞蹈训练，抑或是参加一些体育运动。总之，只要能够引起自己兴趣的事情，你都可以尝试一下。但是要注意保持好自己的体力，不能使自己过于劳累。

3. 主动调整饮食

除了保证充足的休息时间外，还应该偶尔给自己准备一顿精致的饭菜，犒劳一下自己，这样一来，可以让自己在繁忙劳动之外，得到心理上的满足，从而大幅提高生活的积极性。如果一个人只是低头忙于自己的工作，从而忽略了自己胃部的要求的话，可能会觉得生活没有意义，人生只是劳动。相反，如果能通过自己的劳动所得，满足自己的基本生理需求，会让一个人对明天的生活充满希望，从而更加努力地工作与生活。从现在开始，要改变不良的饮食习惯。

不良的饮食习惯包括暴饮暴食和偏食挑食。

无论多么忙碌，尽量尝试自己动手烹饪食物，注意饮食结构的合理。而且下厨不仅是一种健康生活的选择，更能令人享受动手的乐趣。若是厨艺不精之人，也可选择周末去一些自己喜欢的餐厅，调剂身心。

面对着外界的压力，只有合理安排好自己的饮食和休息，先满足机体的生存需求，才能更轻松地面对工作和生活。也只有这样，才能有效地缓解内心的不良情绪，为高效率的工作提供基本保证。

换一种思维，让家务变得轻松有趣

家务也是我们生活的一部分，很多人一提到家务就满脸的愁容，每天为做家务而苦恼。有些人觉得工作很忙，根本没时间做家务琐事；有些人害怕油烟会让皮肤变得不好。其实，你完全可以换一种思维，在繁忙的家务中找到乐趣，让家务不再成为负担，学会享受做家务的快乐。让家务变得快乐易做，增添生活的趣味。

形形和文博刚结婚不久，就因为做家务的问题爆发了他们结婚后的第一次争吵。文博结束一天的工作很晚才到家，看到形形早已经回来了，但是家里乱七八糟，前几天出差带回来的行李都还没有整理，饭也还没有做，地上还有还没来得及倒的垃圾，他就十分气愤，两个人大吵起来。

晚上，形形给妈妈打电话诉说自己的委屈，自己工作也很忙的，好不容易有一天早下班，享受一下都不可以了，她的妈妈告诉她，其实，家务也不是那么难，你们两个可以分工合作，把它当作一次有趣的游戏，你会发现家务也不单单是枯燥的。

星期天，形形和文博准备大干一场，两个人一起拖地、擦桌子、晾晒被子，该清洗的清洗，该重新摆放的重新摆放，该藏的藏。干完后再看房内，简直焕然一新，窗明几净，叫人好生惬意，心中的快乐油然而生。在整理东西的过程中，他们还发现了自己之前找不到的小礼物，简直是一份惊喜。尤其是充分活动了四肢，晚饭也比平时吃得更香了，神清气爽。

后来，他们两个人也都慢慢地喜欢上了做家务，每天谁先下班回到家，抢在吃饭之前，或洗衣，或搞卫生，或修家电，或整门窗……完成一件事后，心里感到轻松，满足感油然而生，乱糟糟的头脑变清晰了，疲乏的身体也精神了。

形形觉得最美的享受就是，每天清晨起来，早晨起床后边听音乐边干家务。凉爽的风从窗户吹进来，屋内的空气都是香甜的，自己头脑清醒，精力充沛，行动迅速，再加上优美的音乐，她好像成了一个艺术家，如跳舞、如做操、如打拳、如耍剑，既轻松，效率又高。

当然，干家务的乐趣与享受关键还在于对家务活的安排与品味。干完活后进行欣赏和品味，这才会体会到干家务不是一种负担，而是一种创造，一种宣泄，一种生活的调节剂，一种平凡人生的享受。

那么，如何轻松、愉悦地做家务呢？

1. 听音乐

将音乐与家务相结合，选择适合家务活动的音乐，将自己带入音乐的意境，如追求速度的家务活动可以选择迪斯科、进行曲等音乐，需要细致、慢节奏地做家务时，可以选择舒缓、轻柔的音乐。在品味音乐的过程中，不知不觉家务也就完成了。

2. 将家务当成一种兴趣

不是把家务单纯地作为家务来考虑，而要将它作为一种兴趣来对待才会令家务变得更加快乐。把自己不擅长、感觉麻烦的事情转变为喜欢做的事情，其关键在于改变你对家务的态度，发掘家务中的趣味，体味它带给我们的感动，然后爱上做家务。

3. 将家务当成一种放松方式

工作和生活的压力，常常使我们感到心情压抑。工作完回到家的时候，我们常感到疲惫，而做家务就是一种不错的放松方式，全身心地投入洗碗拖地等家务中去，让自己忙碌的同时，大脑得到放松，不仅有助于缓解烦躁情绪，使心情舒畅，还可以起到锻炼的作用。

完成一件家务，也会给自己带来小小的成就感。看着窗明几净的房间、整整齐齐的衣服、擦干净的地板……这些小小的成果，可以带给你更多的勇气去面对每天的挑战。

与其愁容满面也改变不了家务的存在，不如改变心态，转换一种心情，让家务成为自己放松心情的方式，成为一种享受。这样，一切家务事都变成了很轻松的事情。

运动起来，让身体焕发青春与活力

生命在于运动，运动让人们焕发出青春与活力，重显年轻的光彩。随着生活节奏加快，来自生活工作的压力接踵而来，我们的身体开始"发霉"了，逐渐不再有往日的灵活。其实，除了压力，缺乏运动也是一个原因。运动可以给我们身体带来诸多益处，它可以化解心中的压力，让人忘记超负荷的重担；它让你的身体得到了锻炼，延缓身体各个部分的衰老；它还可以无形之中增加你身体的抵抗力，让你免受疾病的干扰。总而言之，运动对身体是百利而无一害的。当然，我们这里所说的运动只是适当的运动，而且是健康的运动。如果你没有控制好运动量，又选择了危险、不健康的运动，那么运动只会带来相反的效果。所以，为了保持自己的身体健康，请舍弃懒惰，选择一些健康的运动，并且保持运动的良好习惯。

实际上，适当健康的运动不仅带给我们健康的身体，还会影响到心理。每个人的心理状况、精神状况和身体状况是密切相关的。医学家经过研究发现，运动能使人的身体发生一系列变化，使运动者身体的血液中产生一种能让人欢快的物质，即内啡肽，因而有人认为运动可以预防抑郁症。

美国人菲克斯曾是一名万米长跑冠军，他所著的《跑步全书》1997年在美国出版。许多人在这本书的鼓动下开始了长跑训练。然而，就在不久之后，菲克斯本人却突然死于长跑途中。跑步，确实给不少人的健康带来了奇迹，但也使相当一部分盲目追求者成了不合理运动的牺牲者。据说，在已故长跑运动员中，死于冠心病者占77.5%，明显高于正常人群。

美国一家保险公司曾调查了五千名已故运动员的寿命和健康状况，结果发现他们的平均寿命都比普通人短。运动员有着科学的训练指导，能够合理地去突破身体的潜能。但从健康长寿的角度来说，那种较大的运动量的锻炼方法并不适合一般人。

适当的跑步运动是健康的，但运动量较大的长跑运动或者马拉松运动则会威胁我们身体的健康状况，因而，那些拥有较大运动量的运动对于普通人来说，是不健康的。另外，诸如登山、赛车、攀岩等一系列危险性较大的运动，其实也不适合普通人。如果不能做好安全措施，实在不建议一个普通人去选择这些危险的运动。运动的目的在于保持身体的健康，如果运动本身就有可能给身体带来很大的伤害，那么不如舍弃这些不怎么"健康"的运动。

1. 适度地运动可以保持身体健康

实际上，我们随时随地可以运动。也许，有人还认为运动必须是穿着运动装出门去进行的活动，那你的观念已经落后了。运动也并不一定要进健身房，它可以是任何时候身体的运动。在现代社会，一些经常性的适度运动可以增进健康，进而维持健康，消耗热量。

2. 爬楼梯也算运动

饭后散散步、溜冰、在家做家务、跳舞、爬楼梯等都算是运动，也许有人会问"爬楼梯也算运动吗？"在科技发达的今天，"爬楼梯"真的算是一项运动。现在，许多住宅区都有了电梯，虽然这省去了不少麻烦，但一定程度上也懈怠了身体。有的人哪怕是住在三楼，也会选择坐电梯而不是爬楼梯。所以，这时候爬楼梯就成了一项运动了。

3. 只要想运动，就有时间运动

其实，只要是做健康的运动，都会起到维持健康的作用。如果你想达到防病保健的作用，最好是让运动成为你生活的一部分。有的人抱怨"工作太忙了，哪有时间运动"。实际上，只要你有运动的决心，时间是会有的。坐公交车的时候，提前两站下车，走两站的路程；晚上下班了回家，爬楼梯代替乘坐电梯；上班坐久了可以伸伸懒腰，走动一下；在家边看电视边做运动，或者趁着广告的时间做运动；带小孩出去郊游、逛街。当然，选择运动的时候，要舍弃那些不"健康"的运动。

运动对于我们的身体来说是至关重要的，但是我们在运动时还需要注意适度、适量。运动量过大，有损健康；如果运动量过小，则不足以达到锻炼的目的。因此，掌握适度的运动量，才能有益于身心健康。另外，你所选择的也应是健康向上、远离危险的运动，这样才能有效地达到运动预期的目的，使身体保持一个健康的状态。

养花种草，以花草鸟鸣来调节心情

生活中，其实每个人都生活在自己的围城里，巨大的竞争压力使人们渐渐忘记了自我欣赏和肯定，进而迷失了寻找自我意识的目标和方向。事实上，快乐是一种由心而生的乐观心态，它源于人们克服困难的勇气和对生命归宿的信仰。在现实生活中，我们常常有这样的感叹：人际关系会让自己身心疲惫，因为人心是复杂的。在与人相处的过程中，我们需要考虑到别人的心理，甚至在某些时候，为了顾及别人的感受，反而弄得我们自己身心疲惫，最终受委屈的是自己。所以我们才会说"做人难"，难就难在我们需要考虑到别人的心理。如果我们总是想到别人，而无视自己的感受，自然会觉得累。在这样的情况下，我们需要学会调适心情，让自己的生活变得简单起来。

在现实生活中，多少人为了所谓的事业而昧着良心做人，又有多少人因事业而变得世故圆滑，他们在取悦别人的同时，其实也丢掉了本真的自己。到最后，他们变得连自己都不认识了。所以，在生活中，我们更需要以花草鸟鸣来调节心情，在简单清静的世界里，找寻心灵最初的快乐。

杨大叔是村里出了名的"乐哈哈"，因为他总是面带笑容，偶尔还会跟邻里乡亲开几句玩笑。如果你了解他的生活，就会知道他的心情为什么总是这样好了。

在杨大婶的眼里，杨大叔是不学无术的，总是摆弄那些花花草草、鱼儿、鸽子什么的，能变出几个钱呢？但杨大叔总是说："你不懂得啦，这是生活，这是情趣。"每次吃了饭，他总是先上楼看看笼里的鸽子，摸摸它们的羽毛，仔细观察它们的眼睛，一边嘴里嘀咕着："这只鸽子可是好品种，它的妈妈可是信鸽，等它长大了，我也带着它去参加比赛。"放下它们，还会在一边观察它们很久才依依不舍地离开。

除了鸽子，杨大叔最大的爱好就是摆弄花花草草，他很喜欢将那些树枝弄成奇怪的形状，马啊，羊啊，龙啊。每每有朋友拜访，他就带着他们去参观自己的植物园，一边骄傲地介绍："这是紫荆花，这是茶花，这可是我嫁接的，然后从小将它们固定成一定的形状，它们长大之后就是这个形状，这跟我们平时教育孩子是一个道理，在孩子小时候就需要多花心思，把他们教育好，培养他们良好的习惯和性格，如果小时候不教育好，长大之后再想教育，那肯定是不行的。像这些小树苗，在它们幼小时不弄成形状，长大之后你再想它们成型，那肯定会折断树枝的……"看来，杨大叔不仅种出了兴趣，还种出了"心得"。

有时候跟杨大婶闹别扭了，听着杨大婶的唠叨，大叔也不生气，只是笑呵呵地去看自己的花花草草了。实在无聊的时候，他就跟家里的小猫、小狗说话，嘴里直嚷着："猫咪，别懒了，你看太阳都照到屁股了，还在睡觉，快去看看屋里藏着老鼠没，快去，抓到了老鼠，晚上有红烧肉作为奖励。"也不知道小猫是不是真的听懂了，竟然真的撑腰起来，到屋里活动去了。

杨大叔是幸福快乐的，因为他只生活在自己的世界里，在那个世界里，没有烦恼，没有忧愁，有的只是娇艳的花儿、青翠的树木、调皮的小猫、乖巧的鸽子、忠实的小狗，没有令人劳累的人和事，所以，杨大叔才会那么一直"乐呵呵"地活着。试想，那些终日被功名利禄所劳累的人们，如果他们看见了杨大叔的生活，是不是也会心生几分羡慕呢？

生活中，来自大自然的花草鸟鸣，给我们带来几分清新和快乐，让我们的心灵感受到一种前所未有的简单。在花草鸟鸣中，我们的心灵不再沉重，有的只是无限的快乐，以及平和的心境。

看电影听音乐，让耳朵和眼睛获得艺术享受

缓解内心压力、发泄负面情绪的方法很多，其中不乏看看电影、听听音乐这样既轻松又恰当的方式。那些轻松、畅快的音乐不仅能给人带来美的熏陶和享受，还能够使人的精神得到放松，所以，当你在紧张、烦闷的时候，不妨多听听音乐，让优美的音乐来化解精神上的压力和内心的苦闷。和音乐有着相同"疗效"的还有电影，曾经有位朋友这样说："每次心里感到苦闷的时候，我就看周星驰的《唐伯虎点秋香》，边看边笑，到现在为止，我已经记不清楚自己看了多少遍了。"足以见得，电影能带给我们轻松的心境。

其实，音乐和电影逐渐成为了许多人发泄情绪、释放压力的方式之一，有了音乐和电影，就算一个人待在黑暗中也会感到安全，感到充实。

音乐所带给我们的除了愉快，还有一份灵魂的寄托。当然，音乐是不具备选择性的，烦闷、愤怒时人们都更倾向于听自己最喜欢的歌曲，其中，轻音乐是最好的一个选择，因为，它不像摇滚乐那样刺耳、嘈杂，更适合需要安抚的情绪、心境。

轻音乐可以营造温馨浪漫的情调，带有休闲性质，因此又得名"情调音乐"。它起源于一战后的英国，在20世纪中期达到了鼎盛，在20世纪末期逐渐被新纪元音乐所取代，并影响至今。班得瑞是轻音乐中的经典乐队之一，曾有人说班得瑞是"来自瑞典一尘不染的音符"。"班得瑞"是由一群年轻作曲家、演奏家及音源采样工程师所组成的一个乐团，在1990年红遍

欧洲。"班得瑞"不喜欢在媒体面前曝光，他们喜欢深居在阿尔卑斯山林中，清新的自然山野给"班得瑞"乐团带来了源源不绝的创作灵感，也使他们的音乐拥有最自然脱俗的音乐风格。

当你轻轻地闭上眼睛，再放上"班得瑞"那一尘不染的天籁之音。你就会发现那些不沾尘埃的一个个音符，静静地流淌着，它带走了一直压在心中的忧虑，让你的心灵在水晶般的音符里沉浸、漂净。清新迷人的大自然风格，返璞归真的天籁，如香汤沐浴，纾解胸中沉积不散的苦闷，扫除心中许久以来的阴霾，让你忘记忧伤，身心自由自在。

在充满竞争的现代社会，每个人都会或多或少地遇到一些压力。可是，压力既可以成为我们前进的阻力，自然也可以变成动力。其实，在遇到压力的时候，如果暂时承受不了，就不要让自己陷入其中，可以通过看电影、听音乐，让自己紧张的心情渐渐放松下来，再重新去面对压力，这时，你往往会发现压力并没有那么大。

除了听音乐、看电影等这样的具体方式，我们还需要调整心态。

1. 以积极的心态来面对压力

有的人总是喜欢把别人的压力放在自己身上，比如，看到同事晋升了，朋友发财了，自己总会愤愤不平：为什么会这样呢？为什么就不是自己呢？其实，任何事情，只要自己尽了力就行了，任何东西都是着急不来的，与其让自己烦恼，不如以积极心态来面对，努力调整情绪，让自己的生活更加丰富多彩。

2. 解开心结

人们在社会生活中的行为像极了一只小虫子，他们身上背负着"名、利、权"，因为贪求太多，把负担一件件挂在自己身上，不舍得放弃。假如我们能够学会放弃，轻装上阵，善待自己，凡事不跟自己较劲，那么，我们的压力自然就得到缓解了。

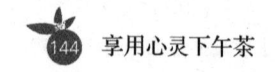

3. 转移压力

面对生活的诸多压力，转移是一个最好的办法，当压力变得太沉重，我们就不要去想它，把注意力转移到让自己轻松快乐的事情上来。当自己的心态调整到平和以后，就不会再害怕眼前的压力了。

4. 感激压力

人生不可能没有压力，若是没有压力，我们的人生就不会有进步。没有压力，我们的生活或许会变了模样，因此，当我们尽情享受生活的乐趣时，应该对当初困扰我们的压力心存一份感激，因为有了压力，我们才能走得更远。

充分享受人生，享受美好的生活

每个人都有自己的生活方式，有的人整日忙忙碌碌，四处奔波，忙得没有时间照顾家庭，没有时间体味爱情，更没有时间悠闲地享受生活。当身体终于因为不堪重负而罢工的时候，他们才突然领悟到人生的真谛，意识到自己的忙碌其实没有太大的意义。相比之下，有些人则过着安逸悠闲的生活，充分地享受人生，享受美好的生活。尽管没有那么忙碌，尽管拥有的不多，但是他们的幸福感却非常强。这是为什么呢？主要是因为这两种人对待人生的态度不同。

人生就像一趟旅程，不知道何处是终点，最重要的是过程。既然如此，其实我们没有必要总是匆忙地往前奔，偶尔停下来，欣赏沿途的美景，岂不是一种收获？很多富人在即将离开这个世界的时候都觉得很后悔，因为他们觉得自己的一生始终在忙于追求财富，等到终了才知道财富是身外之物，因而后悔没有抽出更多的时间陪伴自己的家人，陪伴孩子的成长。那么，对于人生而言最重要的到底是什么？虽然每个人都有不同的答案，但是有一点是肯定的，即并非身外之物。所谓身外之物，指的是金钱、财富、物质。假如把金钱作为单纯的人生目标，那么即使拥有再多的钱，人生也必然是苍白的。相比之下，如今很多世界级的富豪都把自己的钱财用于做善事、救助需要帮助的那些人们，以此实现自身的价值，这远远比一味地挣钱更有意义。诸如，美国著名投资理财专家巴菲特承诺，将会把自己超过300亿美元的个人财产捐出99%给慈善事业，以便能够为计划生育方面的医学研究提供资金以及为贫困学生提供奖学金。比尔·盖茨也宣布拿出98%的财富用于研究艾滋病和疟疾的疫苗，并且为世界贫穷国家提供各种各样的援助。通过这种公益行为，比尔·盖茨和巴菲特更好地实现了自己的人生价值，体味到了生命的真谛。当然，我们只是普通的凡人，没有显赫的家产可以去大范围地救助别人，但是，我们仍然可以更好地安排自己的生活。不要盲目地往前冲，而应该用心地观察这个世界，了解人性的美好。

自从大学毕业之后，为了创造美好的生活，明达就像是上紧了发条的闹钟一样，一刻不停地滴滴答答走着。毕业第三年的时候，他就凭着自己的努力买上了房，毕业第六年的时候，他给了女友一个盛大的婚礼。结婚次年，他有了孩子，紧接着为了便于带孩子出行，他又买了车子。房、孩、车，就像是三座大山一样压在他的心上，使他一刻也不敢停歇。因为是做业务的，为了提升自己的销售业绩，他不断地公关，到处请客户吃饭、唱歌，每天都要到凌晨的时候才回家。

对此，他的妻子杜梅几次提出了抗议。然而，明达以人在江湖，身不由己为借口搪塞了。杜梅每天一个人辛辛苦苦地带孩子，而且要操持家务。最重要的是，因为明达回家的时间很晚，所以与杜梅之间的交流越来越少，在不知不觉之间，杜梅的情绪越来越压抑，甚至到了抑郁的程度，然而明达却毫不知情。一天晚上，明达回家的时候突然发现家里空空如也，杜梅不在家，孩子也不在家，往日这个生机勃勃的家突然之间变得死气沉沉。明达在茶几上看到了杜梅的信，在信中，杜梅倾诉了自己的苦闷，说不愿意再继续这样的生活，与其这样，不如自己一个人带孩子生活，至少不用每天晚上煎熬地等待他的归来。明达的心不由得震颤了，他这才意识到自己已经忽略妻子和孩子太久了。尽管他说自己工作的动力就是为了给妻子、孩子更幸福的生活，但是却无意间深深地伤害了妻子的心，也错过了孩子成长的过程。明达请了年假，到千里之外杜梅的家乡去寻找杜梅和孩子。在那个偏僻的云南乡村，明达第一次静下心来观看日出和日落，认真地陪伴孩子玩乐，他突然发现，这种生活简直是太美好了。明达发自内心地改变了，他向杜梅承诺，回到北京以后马上就换一份工作，确保每天能够按时回家，周末的时候可以陪伴妻儿。

生活改变之后，明达发现自己的整个人生都不同了。以前的他整日步履匆匆，甚至从来没有陪伴妻儿去过一次公园。然而，如今的他每天都要陪伴孩子一起入睡，给孩子讲故事，周末的时候一家人其乐融融地四处游玩。虽然收入比以前少了，但是明达觉得这种生活简直是太幸福了，内心的幸福感是无法言说的。明达很庆幸，杜梅的离开使他找到了人生的方向，他简直不敢想象假如之前的那种生活持续下去，他将会错失多少生命的美好！

生活的方式有很多种，然而最终的目的却是相同的，即享受生命的美好。这就像是如今的人们经常讨论的一个问题一样，如何调节工作与生活之间的关系？首先，我们必须认识到生活是本质，而工作则只是拥有美好生活的一个手段。这样想来，假如因为忙碌的工作而无暇体悟生活的美好，那么工作就是没有意义的。现代社会的生活节奏越来越快，人们的生活压力也越来越大，很多人因为忙于工作而不顾惜自己的身体，不关心自己的家人，得到与失去，孰多孰少呢？其中的利弊我们必须用心权衡，毕竟，工作的目的在于更好地生活。停下来，气定神闲地享受美好的人生，感悟生活的美好！

第 10 章

心若随喜，人生自然一片美好

放松心情，享受更多生活的乐趣

人的一生，说长也长，说短也短。每个人的人生追求都是不同的，有的人追求金钱，有的人追求功名，有的人就像闲云野鹤，只是想享受那份平静和恬淡，更有人什么都想要，最终却毫无所获。其实，归根结底，在离开这个世界的时候，不管你是富可敌国的大富翁也好，还是有权有势的位尊之人也好，你所拥有的和一个贫穷的、地位卑微的乞丐是一样的，即内心深处的感受。具体来说，也就是你曾经感受过的美好、幸福和快乐！假如领悟到这一点，你就会幡然醒悟，原来，对于人生而言，除了幸福的感受之外，一切都是身外之物，生不带来，死不带去。既然如此，我们还有必要因为一些身外之物而争得你死我活吗？由此可见，要想在离开世界的时候无怨无悔，那么你就要尽量放松自己的心情，使自己变得更加健康，享受更多生活的乐趣。

然而，放松心情说起来容易，做起来很难。好心情就像是一株娇艳的花朵，需要精心地种植和栽培，不仅要有肥沃的土壤，还要有充沛的阳光和甘甜的雨水，更要有一颗宽容豁达的心。在生活中，人的欲望更加复杂，不仅希望有至爱的亲人，还希望有心灵相通的朋友和卿卿我我的爱人，这样一来，朋友可以在生活和事业上志同道合，而爱人则能够与自己携手相伴。假如你能够同时拥有这些，那么你无疑是幸福的。遗憾的是，这种完美的生存条件却是可遇而不可求的，只能尽量争取，却无法强求。

要想使自己拥有好心情，更健康、更快乐，从而尽情地享受生活，

第10章 心若随喜,人生自然一片美好

就要戒骄戒躁,这样才能给自己一个更加美好的土壤孕育好心情。众所周知,在生活中,人的欲望是无止无休的。假如你一不小心成为了欲望的奴隶,被欲望所驱使和奴役,那么你就很难拥有好心情了。古人云,知足常乐。由此可见,要想拥有好心情,首先要降低自己的欲望,清心寡欲,这样才更容易得到满足,也不会被低俗的欲望所束缚。对于一个身患重病的人而言,能够活着看就是最大的幸福。对于一个贫困的乞丐而言,也许能够喝上一碗热汤饭、睡在屋檐下就是幸福。然而,对于健康人而言呢?大多数人租房的时候想买房,有了小房想换大房,有了大房想住别墅。一旦有了钱,还会觉得自己的糟糠之妻不能上台面了,迫不及待地想要将其罚下场去。如此循环往复,无异于陷入了恶性循环之中。因此,我们可以得出一个结论,要想放松心情,首先并且最重要的就是降低自己的欲望。

人的身体是一个非常奇怪的循环系统,很多时候,精神因素对于我们的健康起到了很大的影响作用。因此,我们应该正确地对待自己的心情,不要让心情剧烈地起伏跌宕。只有这样,我们的心情才会更加愉悦,我们的身体才会更加健康。现代社会,因为生活节奏的加快和生活压力不断增大,所以很多人都处于亚健康状态。因此,我们更应该主动调节自己的情绪,这样才能坦然地面对生活的坎坷和挫折。

老张今年48岁了,有一个正在读大学的儿子。随着新的生产线投入使用,老张所在的纺织厂人员严重过剩,原本人人都有活儿干的时代突然之间一去不返了。看着明晃晃的纺织机器一刻不歇、昼夜不停地劳作着,很多老工人突然之间找不到自己的人生价值了。毋庸置疑,单位下一步就会裁员。得知这个风声之后,老张愁得寝食不安。假如下岗了,如何供养儿子上大学呢?

然而,愁归愁,很快,厂里就公布了第一批下岗人员的名单。老张因为年龄比较大、学历又低,所以名列榜首。拿着厂里给的几万元安置费,

老张成天唉声叹气，不知道如何是好。正如人们常说的，屋漏偏遭连夜雨，不到3天，老张的血压就急剧升高，甚至起不来床了。这时，妻子安慰老张说："老张，事已至此，发愁是不管用的。你看，我可以在小区门口摆个早点摊，这样一来，你的压力就没有那么大了。你可以慢慢地找份工作，等儿子上完大学啊，咱们就可以安享晚年了，你还发愁什么呢？儿子还有两年就大学毕业了，咱们怎么也能熬过去。"看着妻子坚定的眼神，老张的心里踏实些了。使他感到欣慰的是，妻子早点摊的生意非常好，很多邻居和过路的行人都成了老客户。老张原本要去找工作，但是早点摊的生意实在是太忙了，所以他只得去帮忙。一个月下来，出乎老张意料的，他和妻子忙活早点摊的收入远远比上班的时候高多了。

正所谓人逢喜事精神爽，老张下岗一年多之后，非但供养儿子上完了大学，而且还和妻子一起租下了一个门脸房，开了一家小饭馆。他的高血压也消失得无影无踪了。如今的老张，面色红润，腰杆挺直，虽然忙一点儿、累一点儿，但是见人就笑呵呵的，精神特别好，身体也很健康！

故事中的老张，因为下岗，血压急剧升高。然而，在生活的坎坷和挫折面前，所有怯懦的行为都是于事无补的。只有勇敢地站起来，迎难而上，才能够柳暗花明又一村，找到自己的人生价值，找到自己在社会生活中的位置。俗话说，人就活一口气，假如这口气泄了，那么人的精神就垮了。只要精气神还在，再大的困难也无法打倒我们！为了使自己的身体更加健康，为了拥有自己想要的人生，我们必须挺直腰杆，面对困难！

很多时候，只要心情好了，做事情就会非常顺利，相反，假如总是愁眉苦脸，那么霉运也会与你结伴而行！所以，我们要学会用好心情驱散人生的乌云，笑对人生的风风雨雨！

洗涤心灵，让自己的世界也干净简单

有人曾经说过，这个世界上并不缺少美，只是缺少发现美的眼睛。同样的道理，在人人都抱怨人心叵测、世事难料的今天，我们也可以说，世界其实并不复杂，只是因为你看世界的眼睛不够简单。如果你的心中充满了善念，那么你看到的世界就会是非常善良而美好的；假如你的心中充满了邪恶，那么你看到的东西就都是丑陋和邪恶的；假如你的心非常复杂，那么你看到的一切无疑都是复杂的，使人感到难以捉摸；假如你看世界的眼睛是简单的，那么世界就会在瞬间变得简单。

生活中充满着各种各样的烦恼，然而，这一点儿都不妨碍人们生活得简单而又快乐。但是，在同样的环境中，甚至是在更好的生存条件下，有些人却生活得很累，觉得整个世界都是居心叵测的。究其原因，在于人心的不同。作为成人，我们常常喜欢盯着婴儿的眼睛凝神细思。对于婴儿来说，世界无比简单，充满了爱，充满了美好。这是因为婴儿有着一颗赤子之心，心无杂念。同样的一个世界，在成人眼中折射出来的形象则截然不同，充满了尔虞我诈、勾心斗角。由此可见，要想使世界变得简单，首先要使自己变得简单，最重要的是要有一颗赤子之心。

正如《三字经》所云，人之初，性本善。刚刚来到这个世界上的婴儿，就像是一张洁白无瑕的纸，染黑则黑，染黄则黄。刚刚步入社会的大学生们，在社会阅历上也像是一张白纸。所不同的是，婴儿不加选择地接纳这个世界，而大学生们则已经有了辨别是非的能力。即使这样，也无法阻止这些大学生被社会的大染缸染得五颜六色。刚开始的时候，每个人心中都揣着一团火，面对着这个社会。然而，在经历了各种各样的事情之后，绝大多数人都妥协了，只有少数人，还在坚持着自己的梦想，还在坚持着自己做人的原则，即使遍体鳞伤，也从不后悔。这样的人，即使到了老年，也依然有着一颗赤子之心，他们不会轻易地抱怨，只是默默地接受，发自内心地感恩。这样的人，是一个简单的人。假如这种人多一些，那么世界就会变得简单一些。你也想得到一个简单干净的世界吗？那么，首先使自己变得简单起来吧！很多事情，并不牵涉到原则性，或黑或白，或对或错，原本没有那么重要，重要的是你内心深处的感受！

穿行在周庄古镇之中，我无意之间发现了一家极具特色的银饰店。店面不大，摆放着很多做工精细的手镯、项圈、发簪等饰物，古朴雅致，韵味天成，使我爱不释手。在琳琅满目的商品之中，一个缠枝莲图案的苗银手镯进入了我的眼帘。

经过一番讨价还价之后，我和店主说定以72元成交。我迫不及待地把镯子戴在手腕上，同时，掏出一张百元大钞付账。店主在腰包里摸索了一番之后，不好意思地笑了笑，说："对不起，没有零钱找给您，您稍等片刻，我去换一下，马上就来。"店主说完转身就走，踏着青石板路径直朝巷子深处走去，剩下我一个人守着这个银饰店。

我守在原地等候着，然而，5分钟过去了，店主还是不见踪影。

导游不耐心地催促说："赶紧跟上，不要掉队。"同行的朋友也好心地提醒我："她可能是故意以还钱为借口躲开了，因为假如你等不及了，也许就会自己走开。对付这种人很简单，你只要再拿她一个镯子就扯平了，也算给她一个教训。"看着这些古朴的银饰，我笑着摇了摇头。

导游催促得太急了，我只好跟随团队走过沈厅，踏过双桥，沿着水巷继续一路前行。突然之间，我听到身后有人在喊："小妹，等一下。"我转过身，看到店主正在气喘吁吁地向我跑来。

店主是一个年轻的女子，她的额头上渗出细密的汗珠，一边喘着粗气一边说："跑了几家店铺才换开，回来才发现你已经走了。这是找你的28元，你点一下吧。"

我不好意思地笑了，为自己没有等待店主而羞愧："我以为……"没等我说完，店主就爽快地打断我的话说："钱可买不来咱们这里的声誉。"

我从心底里泛出欢喜，不仅因为失而复得的28元钱，更是为店主的善良与守信。

也许，她只是众多店主中的一个，但是，她的言行就像一滴水一样，折射出这座古镇的珍贵品质。即使岁月流转，多年以后，我依然会清晰地记起这充满诗意的一幕。

在这个事例中，虽然"我"刚开始的时候选择信任店主，但是最终还是没有坚持自己的信任。然而，气喘吁吁地跑来送钱的店主使"我"对于人性恢复了信心。店主说得对，钱买不来声誉。在这个世界上，有很多东西都比钱更加重要。而"我"呢？"我"在赤子之心与对人心险恶的怀疑之间游走，事实证明，以简单的心看待世界将会得到更多的快乐！事情的结局恰恰证实了人性的美好！

也许，多年以后"我"已经记不清楚周庄的美景，但是"我"一定会记得这在小桥流水人家之间发生的一幕！要想拥有简单的世界，要想使别人简单地对待你，你首先要洗涤自己的心灵，使自己变得简单起来！

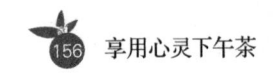

选择快乐，你就会真的快乐

快乐其实真的很简单，它在于你的内心，在于你的感受。同样是一天，有人过得快乐幸福，有人却过得悲伤抑郁。所以说，懂得去发现快乐，学会去感受快乐，这也是一种智慧，一种气度。纷繁复杂的世界里，有喜有悲，很多人已经把快乐完全寄托在了外界事物上，而不懂得遵从内心的感受，于是，各种痛苦也就接连不断地出现。其实，快乐本质上只是一种简简单单的内心体验而已，不要给它附加一系列的条件。学会知足，学会珍惜，那么你就是快乐的。世上没有不能快乐的人，只有不肯快乐的心。

有一只老鼠生活得十分快乐。它快乐的原因很简单。老鼠说："我拥有一颗太阳。这是一颗多么神奇而伟大的宝贝，它给大地山川以灿烂的阳光，给每一种植物、每一个动物带来温暖和光明。"

大家都说老鼠脑筋有毛病。太阳神奇、伟大不假，可是，太阳并不只是你的，那是大家的。你想独占不成？

可是，老鼠是一个顽固的家伙。它确信太阳就是自己的。其他动物是不是拥有太阳，它说自己管不着。它说自己要十分珍惜太阳。它每天早晨看太阳从山头跃起的样子，心里高兴极了。它每天晒着太阳，享受着它的温暖。它每天写着赞美太阳的诗，诗写得很一般，很平常，但都是发自心灵深处的。因为，它从骨子里确信太阳是自己的。它觉得，如果对太阳有半点轻视和浪费，都是一件十分可怕和愚蠢的事。它就这样简单而快乐地生活着。

相比之下，狮大王烦恼很多。狮大王因为争夺一块领地失败，丢了面子和尊严。它想到了自杀。它为选择自杀的方式而煞费苦心。如果选择跳海的话，它怕身体被鲨鱼吃掉，它不希望自己死得那样窝囊而没有面子。如果选择坠崖的话，它怕被摔得粉身碎骨，它不想死得那样可怕。如果选择上吊的话，它怕许多动物看见自己可悲的样子，会嘲笑自己，留下话柄。它痛苦极了。

它发现老鼠很快乐。心想，自己丢了一块领地，也比老鼠威风多了。可是，老鼠那样快乐，而自己却痛苦得要死。

于是它捉住了老鼠。它对老鼠说："你必须把你快乐的秘诀告诉我。否则我会吃了你。"

老鼠说："我实在没有什么快乐的秘诀。我只是平平常常地活着而已。"

狮子说："这绝不可能。快乐总是有原因的。"

狮子见老鼠不肯说出快乐的秘诀。心里想，是不是老鼠有十分珍贵的宝贝。

它命令老鼠将自己最心爱的宝贝拿出来。

老鼠说："我最心爱的宝贝是太阳。难道你不曾拥有它吗？"

狮子说："太阳是什么好东西。大家都有份呀。"

老鼠说："假如没有太阳呢？"

狮子感到很吃惊。因为，它从未想过这个问题。它试图往下想一想，却发现这个假设实在太可怕了。这个假设告诉它：原来，太阳才是最宝贵的财富。

狮子明白了：老鼠说的是实话。它从心里对老鼠产生了深深的敬意。

它决定放了那只快乐无边的老鼠。

快乐常见的表达方式是笑。有人说，笑容满面是快乐的象征；有人说，家和万事兴是快乐；有人说，有了亲人朋友就快乐；也有人说，有了钱就快乐……到底什么才是快乐呢？快乐是什么？快乐是每一位母亲忙碌的身影。快乐是什么？快乐是每一位父亲斥责的声音。快乐是什么？快乐是每一位老师真心的称赞。快乐是我们生活中的每件小事。快乐是人与人相处中的点点滴滴。快乐不快乐，只在于心态。调整好自己的心态，学会满足，我们才能变得快乐起来。否则，快乐就会离我们而去。快乐是一种心理感受。要不要快乐由你自己决定。具体来说，我们可以通过下面这些心态让自己变得快乐。

1. 珍惜我们当下的生活

懂得珍惜，才会满足，才会快乐。不要抱怨，不要攀比，相信自己拥有的已经足够美好。很多人在拥有的时候不知道去珍惜，直到失去了才追悔莫及，那么，整个过程都是不快乐的。快乐很简单，只要我们善于发现生活中的美，感恩我们拥有的这一切美好，那么，我们的烦忧也就会随风而逝了。

2. 知足常乐

知足常乐这个词被多少人挂在嘴边用来劝慰自己，可是又有多少人能够真正做到呢？现如今，人们的物质生活越来越充裕，但人的欲望永远也满足不了。不懂知足，就不会真正快乐。欲望无止境，学会克制，学会享受满足的那种感受，你才会发现快乐真的很简单。

3. 少一点计较

不快乐是因为有时候我们计较得太多，付出得太少。有时候要想想，赠人玫瑰，手有余香。我们付出了，我们用真诚、感恩的心对待别人了，那么我们收获的就是满满的快乐！

4. 拥有良好心态

有什么样的心态，就会有什么样人生。积极的心态能帮人们获得健康、快乐和富有；而消极的心态带给人们的只会是疾病、痛苦和贫穷。人要想改变人生，首要条件就是改变心态。只要心态是正确的，人们的世界就会布满光明。

人活得快乐，就必须要有一个好心态。无论遇到什么事，学会换个角度去思考，就会感到快乐。幸福的人生一定要有正确的思想观念，在正确的思想观念指导下才会有正确的行为，正确的行为多次重复形成正确的习惯，正确的习惯就会塑成良好的性格，从而造就幸福美好的人生。

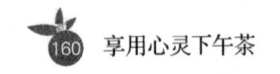

修炼心性，才能抓住幸福

在生活中，我们常常感叹什么是幸福。其实，幸福很简单，它就是父母端上桌的热腾腾的饭菜，是恋人手中的玫瑰，是重获新生的喜悦，是雨后的阳光，是一件漂亮的衣裳，是看电视剧情不自禁爆笑的瞬间……幸福往往就是那些我们容易忽视的感受，需要我们用心感知。然而，我们生活的周围，人们似乎总是因为一些事情而看不到幸福的存在：他们有的整日愁眉苦脸，小小的事情就能使他不安、紧张，几乎每一件事情，都会在他的心中盘踞很久，造成坏心情，影响生活和工作。有的人脾气暴躁，一点小事就会触及他的神经；有的人总是不断抱怨生活，抱怨工作太辛苦、薪水太低；有的人心眼如针，一旦发现他人犯错，便大加指责，咄咄逼人，引起别人的憎恶……这些人幸福吗？当然不！那么，他们为什么不幸福？因为他们太情绪化了！可以说，生气的情绪，对于我们生活来说，犹如一颗定时炸弹，将严重影响我们的正常生活，使生活失去原本平和的美丽。因此，如果你渴望抓住幸福，就应该首先修炼心性，只有做到对世间万事万物泰然处之，待人处事不温不火，才能以平和的心态迎接幸福。

我们先来看下面一则故事。

有一名政党的领袖指导一位准备参加参议员竞选的候选人，教他如何去获得多数人的选票。这位领袖和那人约定："如果你违反我教给你的规则，你得罚款10元。"

"行，没问题，什么时候开始？"那人答应。

"现在就开始。我教给你的第一条规则是：无论别人怎么损你、骂你、指责你、批评你，你都不允许发怒，无论人家说你什么坏话，你都得忍受。"

"这个容易，人家批评我，说我坏话，正好给我敲个警钟，我不会记在心上。"

"好的，我希望你能记住它，这是我教给你的规则当中最重要的一条。不过，像你这种呆头呆脑的人，不知道什么时候才能记住。"

"什么！你居然说我呆头呆脑！"那个候选人气急败坏。

"拿来，10块钱！"

"哎呀，我刚才破坏了你教给我的规则吗？"

"当然，这条规则最重要，其余的规则也差不多。"

"你这个骗子！"

"对不起，又是10块钱。"领袖摊开双手道。

"赚这20块也太方便了。"

"就是啊，你赶快拿出来，这是你自己答应的。如果你不拿出来，我就让你臭名远扬。"

"你这只狡猾的狐狸！"

"对不起，再拿10块钱。"

"又是一次！好了，我以后再也不发脾气了！"

"算了吧，我并不是真的要你的钱，你出身贫寒，你父亲的声誉也坏透了！"

"你居然敢侮辱我的父亲！你这个恶棍！"

"看到了吧，又是10块钱，这回可不能让你抵赖了。"

这一次，那位候选人心服口服了。那位领袖郑重地对他说："现在你总该知道了吧，克制自己的愤怒并不容易，你要随时留心，时时在意，

10块钱倒是小事，要是你每发一次脾气就丢掉一张选票，那损失可就大了。"那位候选人彻底服了。

生活中，有些人就像故事中的这位候选人一样，控制不住自己，在不顺心的时候就会变得容易发怒。实际上，胡乱发脾气根本解决不了任何问题，反而会把事情弄得更糟。

事实上，心性好坏与否，对于他人的影响倒是次要的，它最严重的是对个人心态的影响。而个人心态直接影响的是个人的命运，如成败、得失、是否幸福等。

心性健康的人，他们的眼里都是美好的事物，比如阳光、欢乐、温暖，当他们遇到危险的时候，他们会有回避的能力，因此，他们有意愿并且有能力把日子过得顺心，就是遇到挫折，也能自我调整，能较自然地处在一种对事物的全面理解中。相反，那些心性不好的人，很明显，因为他们关注的视角不同，他们的生活是不幸福的。

然而，现实生活中，却有一些人特别容易情绪化，遇喜则喜，遇悲则悲，如遇不满，甚至破口大骂，很多不文明的举动相继爆发出来，形象全无。事实上，日常工作和生活中，令我们生气的事实在太多，我们根本不必要去愤怒，我们大可以把关注的视角放在事物的另外一个方面，对这一方面的联想往往能使我们心平气和下来，长此以往，你便能修炼良好的心性。

美国的一位心理专家说："我们的恼怒有80%是自己造成的。"而他把防止激动的方法归结为这样的话："请冷静下来！要承认生活是不公正的。任何人都不是完美的。任何事情都不会按计划进行。"

聪明人深知，即使生气了也挽回不了什么，徒增许多怨气，于是，他们选择了不生气；愚蠢的人，他们总是看到事情的表面，凡事喜欢生气，总认为生气是自己的专利，殊不知，时间久了，生气成为了自己的本性。做一个聪明人，还是愚蠢的人，关键是看你如何去选择。

有一颗平淡如水的心，就不会轻易为琐事烦忧

也许很多人觉得，生活就必须要热烈而精彩，要每天活得充满激情，五彩缤纷，要时刻迸发力量。但是，现实生活不可能时刻精彩，每个人的人生际遇都是不同的，而那些平淡生活所组成的画面，才是人生中最绚丽的色彩。

张友下班后约老同学李晨一起出去喝酒，结果李晨却说："不想去，没心情。"张友见他满脸的不愉快，就问："咋了，兄弟，老天没有下雨啊，你怎么阴沉着脸，一副不高兴的样子？"

李晨闷闷不乐地说："怎么可能高兴得起来呢？原本是我的位子，现在坐上别人了！"

原来李晨参与竞争公司里一个经理的位置，李晨花了很多心思，各项业绩也很好，但还是未能竞争上。

张友笑着说："哎呀，就这点事啊，没什么大不了的，你还年轻着呢，以后继续努力。淡然一点，想开些就好了。走吧，一起喝酒去。"于是张友拉着李晨去了酒吧。张友说了很多安慰的话，李晨才算好了一点。

大概一个月之后，张友在回家的路上偶然又碰见了李晨，但是却发现李晨比以前瘦了很多，而且脸色蜡黄，像是生过一场大病似的。张友关切地询问："哥们，你这是怎么了，怎么几天没见，你变化这么大，是哪里不舒服吗？"

李晨说："你说我多亏呀，我下了那么大的工夫，勤奋、努力、不休

息，什么事都抢着干，可是这回连部门经理我都没选上。你说我在这公司里还有个什么奔头啊？"

张友安慰他说："别多想，稍微看淡一点吧，再说，你现在也不错，当着主任，薪酬也很高，在公司也是重量级人物，别人比你资历老，上了是应该的。"

谁知道李晨竟然向他大声吼道："你知道什么啊，我付出那么多容易吗？凭什么资历老就应该把我踩在脚底啊？我可不想那样甘心平平淡淡，我要活得精彩，活得壮观！我要往上升，往上升！你知道我的内心吗？"

李晨气愤地走了，弄得张友怔怔的。从此以后，张友很少再见到李晨，后来居然听说他已经精神失常，被家人送进了精神病医院。

生活，并不是只有功和利，尽管我们必须去奔波赚钱才可以生存，尽管生活中有许多无奈和烦恼，但是只要我们拥有一份淡泊之心，量力而行，坦然自若地去追求属于自己的真实，就能做到宠亦泰然、辱亦淡然、有也自然、无也自在，如淡月清风一样来去不觉。其实，仔细想一下，这样的生活也是非常快乐、阳光的，也会带动你变得更为积极。

朋友们，宁静淡泊的心态会让你越发充满修养，它能让你在物欲横流的社会中保持自我，保持本真，保持宁静。有一颗平淡如水的心，你就不会轻易被琐事烦忧，你就会活得更淡然、洒脱、自信，从而获得心灵的充实、丰富、自由、纯净。

1. 不要一味地攀比

在生活之中，人比人气死人，好还有更好，精彩还有更精彩，总有人能把你比下去，也许你的平淡正是别人眼中无法得到的精彩。我们要学会用一个平平淡淡的心去看这个世界，然后你会发现幸福无处不在，看似平淡的生活其实是一种宁静、淡泊、从容和美好。

2. 懂得享受生活的惬意和温暖

你可以在工作的闲暇抽出一定的时间，去陪陪家人，去逛逛超市，去书店转转，去大自然中走走，给朋友打个电话，叙叙友情；或者泡一杯香茗，一边慢饮一边欣赏优美的乐曲、火爆的电视剧、皎洁的月光……那该是怎样惬意啊！

3. 善于从生活中发现幸福

生活中有很多的无奈和艰难，我们要善于从生活中发现幸福，在幸福中寻求感动，这样就能保持一份内心的平淡。平淡的生活看似无聊乏味，其实不然，只要你细细品味，就会发现，平淡的生活可以让人减少烦恼和焦虑，是人生的一种享受。

幸福与身外之物并无绝对关联，幸福在于你的心态。一个人即便腰缠万贯，但如果他不懂满足，总是烦忧自己没有的，那他也不会幸福。朋友们，不管你在任何处境下，只要端正自己的心态，学会把握、学会满足、学会感恩，生活就会幸福。

第 11 章

不忘初心，清空心灵方能回归本真的自我

放下浮躁的心，回归人本性中的单纯

哲人曾说："不忘初心，方得始终。"这八字箴言的含义是，不要忘记最初时候人的本心，就是人之初那一颗与生俱来的善良、真诚、无邪、进取、宽容、博爱之心，多应用在爱情、事业、生活等方面，多去感恩，去看清人生与自身。

然而，现代高速运转的社会让生活中的我们变得浮躁起来，在灯红酒绿的都市生活中，到处充满着诱惑，能做到静下心来的有几人？在充斥着各种颜色的生活中，人本性中的单纯、朴实早已被我们甩在身后。也许在这个快节奏的时代，我们真的走得太快了，是该停下脚步了，等一等被我们丢远的灵魂。这样，才能让自己的心静下来，思索我们的人生。

我们先来看下面一个故事：

小米在一家知名广告公司担任首席设计师一职，这几年来，她是公司发展最快的员工，好创意层出不穷，为公司做了不少贡献，因此被公司提拔为艺术总监。

然而，当上艺术总监没多久，小米却发现自己才思枯竭，很难创作出别具一格的作品了。为此，小米非常焦虑。众所周知，对于一个设计师来说，创作力就是生命，而灵感则是创作的源泉。就这样，半年多以来，小米每天都生活在焦虑之中，但是又不敢向同事倾诉自己才思枯竭的事实，毕竟，同事关系之中更多的是竞争关系。这种状况持续了很长时间，使小米非常痛苦。

第11章 不忘初心，清空心灵方能回归本真的自我

终于有一天，小米闲暇时看到书上这样一句话："不忘初心，方得始终。"她如梦初醒，想到大概是自己在城市生活太久了，心累了，于是，她把手头的工作安排妥当之后，向公司董事会请了年假，外出旅行去了。这次旅行，小米只带了一个很简单的行囊和一个相机。她没有跟团，她想自己随心所欲地走走看看。她也没有目的地，只是想去找回失去的自己。

小米首先去了四川九寨沟，恰逢秋季，她看到的美景让她情不自禁地为之心动。在成都吃完美食之后，小米坐飞机去了云南大理、丽江。云南同样是一种精致的美，美得如梦似幻，让人不由得怀疑自己身在梦中。在云南慵懒地住了些日子，小米再次坐飞机去了西藏。看着那些朝圣的人群，小米觉得自己终于找到了想找的地方。每天，小米在布达拉宫附近流连忘返，她似乎在寻找自己的灵魂。难怪人们说，西藏是最接近心灵的地方。在这里，小米恍然顿悟，她找到了自己。小米一再地延迟返工，在西藏住了半个多月。每天，她漫无目的地在路上行走，只有自己知道自己在寻找什么，也只有自己知道自己在这里找到了什么。

终于，在公司的再三催促之下，小米依依不舍地离开了西藏。临行前，她默默地说："西藏，我一定会回来的。"经历了一个多月的旅程，小米晒黑了，也变瘦了，但是精神却很好。她的眼睛宛如小鹿的眼睛，既像一汪清泉，一眼见底，又像西藏那湛蓝的天空，引人无限遐思。渐渐地，公司中的人发现，在小米总监的作品中，又多了一样可遇而不可求的东西，即澄澈的灵活，丰盈而充实。

很难想象，假如小米没有及时地选择去旅行，寻找自己迷失的心灵，而是固执地坚守着工作，将是怎样的一番情境。很多时候，放下也是一种获得，小米正是因为暂时放下了手中的工作，外出旅行，才能够及时地找回迷失的自己。

的确，当我们心情浮躁的时候，又怎能感受到那份宁静的幸福呢？曾

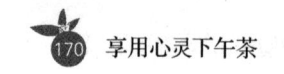

经有一个百岁老人谈起他的长寿秘诀："我每活一天，就是赚一天，我一直在赚。"这就是生命的真谛：豁达、坦然。

尘世中的我们，又是否有这样一种安然、宁静的心呢？你深思过自己是否被这纷乱的世界扰乱了思绪吗？你还是原本的那个自己吗？

当今社会中，我们的心态总是不断地接受着来自物质的引诱考验，很多时候，我们在追求目标的过程中，可能并没有意识到自己的心灵已经被那些虚幻的美好理想束缚了。生活远没有理想那么简单，理想的存在固然可嘉，可我们更要做的是让理想接受现实的催化。就像一件被打造的利器，不经过热火的炙烤、重锤的锻造，怎么能握在战士的手中？

及时反省，以免自己的心灵染上尘埃

古人云：吾日三省吾身。这是一句简单的话，但却蕴含了丰富的人生哲理。行走于世，我们的心灵难免会染上尘埃，只有及时反省，检查自己的行为和心理状态，才能以全新的面貌重新上路，才不至于迷失方向。因此，任何一个年轻人，都应该通过不停地自我反省，来提高自己的人生境界。

然而，现代人在多了一份自信心的同时却少了一种"自省"的精神。他们喜欢得到他人的称赞夸奖，却更少自己反省了。在我们上学之时，老师可能经常教诲我们"每天反省自己"。这确实是一句颇有价值之言，你如果能好好照着去做，一定受益匪浅。

任何一个年轻人，没有反省就没有进步，也可能会迷失人生的方向，甚至犯下大错。德国诗人海涅说过："反省是一面镜子，它能将我们的错误清清楚楚地照出来，使我们有改正的机会。"所谓"反省"，就是反过身来省察自己，检讨自己的言行，看自己犯了哪些错误，看有没有需要改进的地方。

当然，每个人都有缺点，每个人都会犯错，都可能做出伤害到他人利益的行为。我们是圣人吗？当然不是。所以，为什么不静下心来反省一下自己呢？有了过失而不自知，从而越来越靠近错误的深渊，这只能造成更进一步的损失。

人都不可能十全十美，总有个性上的缺陷、智慧上的不足，而年轻人更缺乏社会历练，因此就更需要通过自省来了解自己的所作所为。

勇于面对自己，正视自己，对自己的一言一行进行反省，反省不理智之思、不和谐之音、不练达之举、不完美之事，并且要及时进行、反复进行，才能够得到真切、深入而细致的收获；疏忽了、怠惰了，就有可能放过一些本该及时反省的事情，进而导致自己的一再犯错。

我们先来看下面一个案例。

夏女士是个成功人士，婚后的她并没有因为家庭而放弃自己的追求，她和朋友合伙开了家服装公司。然而，尽管现在事业如火如荼，她却并不幸福。

有一次，下班后，她无意中听到员工们对自己的评价："夏总这个人，虽然工作很努力，但说实话，我不怎么喜欢她，她脾气太坏了，我们是她的下属，又不是签了卖身契。"

"是啊，何止呢？我发现，她还有点小心眼，每次发工资的时候，她都会精打细算，会尽量扣除那些零头。"另一个下属接上话。

"还有啊，她很懒，没眼力见，说话太直，还毒舌，爱占小便宜，办事儿不想后果，总是说错话，一贯地自我感觉良好，自认为自己有那么点小长处，没有底气也敢瞎嘚瑟，不懂还装懂，还经常大言不惭地看不惯这，看不惯那……"

听完下属们的这一番话，夏女士真的震惊了，原来自己是这样的一个人。"看来，我真得反省一下自己了。"

当天晚上，夏女士回到家之后，就详细询问了一下丈夫关于自己的缺点。她的丈夫是个脾气好、说话客观公正的人，关于妻子的优缺点，他都提出来了："这么多年，我发现，你是个有魄力的女人……"

可能生活中，很多人都遇到过和夏女士类似的情况，原本"自我感觉良好"，有一天却发现，原来自己有那么多的缺点需要改正。这就提醒我们要不断反省，因为唯有反省才能进步。一个人的心智也是如此，不管他失去多少，只要还能够自我反省，就是成功的。我们不仅要在逆境中反省，还要在顺境时反省，只有这样，才能防患于未然，将危机消除于无形。

那么，我们该如何反省呢？

1. 了解你需要反省的内容

（1）人际关系。你今天有没有做过什么对自己人际关系不利的事？你今天与人争论的事情中，是否也有自己不对的地方？你是否说过不得体的话？某人对你不友善是否还有别的原因？

（2）做事的方法。反省今天所做的事情，方式方法是否得当，怎样做才会更好……

（3）生命的进程。反省自己至今做了些什么事，有无进步？是否是在浪费时间？目标完成了多少？

如果你坚持从这三个方面反省自己，那一定可以纠正自己的行为，把握行动的方向，并保证自己不断进步。

2. 掌握反省的方法

事实上，反省无时无地不可为之，也不必拘泥于任何形式，不过，人在面对繁杂事务的时候很难反省，因为情绪会影响反省的效果。你可在深夜独处的时候反省，也就是在心境平静的时候反省——湖面平静才能映现你的倒影，心境平静才能映现你今天所做的一切！

至于反省的方法，则因人而异。有人写日记，有人则静坐冥想，只在脑海里把过去的事放映出来检视一遍。不管你采用什么样的方式，只要有效就行。自省也不能流于形式，每日看似反省，但找不出自己的问题，甚至对错不分，那就很值得注意了。

一个具备反省能力的人一定要具有自我否定精神，就是要勇于认错。每个人都会有错误和缺点，有了错误，就要主动接受批评和自我批评，认真反省自身缺点，从而不断改进自己、升华自己。反省是对心灵的拂拭，是对精神的洗濯。反省的过程就是一个人心智不断提高的过程，是一个人心灵不断升华的过程，也是我们对所遵循的标准不断反思和不断提高的过程。

保持平静的内心，别迷失自己

现代社会，一切都在高速运转着，到处充满着诱惑。只有那些内心淡定的人，才能看清楚自己的内心而不至于迷失自己，他们无论是处于逆境还是顺境，总是保持着平静的心态。

其实，自古以来，那些为了物质名利而迷失自己的人，最终都付出了惨重的代价。

清乾隆时期的贪官和珅，一生疯狂追求名利，他贪婪无度，官居宰相后丧心病狂地掠夺金钱。据史书记载，他拥有土地80万亩、房屋2790间、当铺75座、银号42座、古玩铺13座、玉器库2间，另外还有其他店铺几十种。仅从和珅家抄没的财产就值银9亿两。最终，和珅落得个一命呜呼的下场。

再谈战国时期的吴起，他是一代名将，是一流的谋略家，更是最典型的名利狂。为了求名，他不择手段。为了赢得鲁国国君的信任，他竟然亲手杀了当初带着大量金银珠宝与他私奔的爱妻，就是因为妻子是鲁国的敌国——齐国的女子。他终于名扬四海，然而每次名成利就，却又会遭小人暗算，跌下神坛，三起三落。

在通往名利的道路上，吴起与和珅都是反面的例子。淡泊名利并不是不要名利，宁静处世也并不是自弃于世，它的本意无非是要人们把名利看淡，千万不要贪得无厌、患得患失；是让人们要安守本分，不要浮躁难耐、寝食难安。

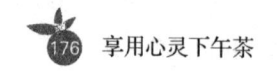

做到不迷失自己，就需要我们做到以下两点。

1. 常反省自己

人在前进的过程中，难免会遇见一些阻碍、陷阱等，一个人若想不迷失自己，就应时时反省自己，排除前进道路上的种种诱惑和阻碍，从而使人生之路越走越宽。

2. 懂得享受宁静

脱下白领的衣服换上流行时装走进灯红酒绿的地方，是现在人们放松的一种方式。但随着灯光的闪烁摇摆着头、甩着头发，这真的能放松吗？灯红酒绿下，不知今夜又有多少人沉醉，这真的是一种解脱的方式吗？

让自己内心平静的方法莫过于独处，摆上一支檀香，一壶水，一缕清茶，一盏杯。水从高处慢慢冲入杯中，一切仿佛慢了半拍，茶叶在水中翻转腾挪，一缕香气弥漫出来，心境逐渐随之平静。实际上，人生本如茶，一泡洗净铅华，二泡三泡满品精华，四泡五泡回甘香灭。

总之，在灯红酒绿的现代社会，我们不要迷失自己，要告诉自己，不管遇到什么事情都要冷静，不管遇到多大的风浪都要坚定自己的立场。

保持"空杯心态",让自己轻松前进

生活中,忙碌的你,也许曾有这样的感受:忙碌的工作之余,突然觉得身上的包袱很重,或者心里像积压了很多石头。这些都让你觉得喘不过气,在人生的道路上越走越困难。这时如果你能学会清理心中的这些石头和放下肩头的包袱,摒弃掉一切外界的干扰,你就会感到从未有过的轻松。所以我们可以说,清理心理垃圾,能让我们更轻松地前进。

最近,珍妮为了方便接送儿子,在儿子学校附近找了一份工作,这下,珍妮有得忙了。

"自从到这边来上班,我以为会闲一点,因为接送孩子的时间会节省不少,但其实新工作进行起来太难了。我现在几乎没有自己的时间,我所在的办公室是3个人共用的,似乎什么都是大家公共的,好在大家相处是愉快的,事情也做得够漂亮,但是总有忙不完的事情。工作之余,我把大部分时间都给了孩子和家庭。不过,我还是经常忙里偷闲,没事看看书,对于我来说,这已是最奢侈的事了。

"明天起就是国庆长假了,下午领导交代了一些事,就让我们提前回家,以防路上堵车。但儿子还没放学,所以我想在办公室里等他,我继续忙着尚未完成的一段视频编辑。后来孩子爸爸打来电话,说他去接孩子了,所以我又一个人坐在空空的办公室,等待着文件的生成、刻录。寂寞中,有了整理心情的想法,于是诞生了连续几篇的散乱文字。

"刚才夕阳透过窗户映射进办公室,但现在夜色却蔓延开来了,偌大的办公室已经是寂静一片。站在窗前，视线是极好的，不远处已经是灯火阑珊，围墙外的道路上，街灯安静而闲适，让我不禁回想起十多年前的一些黄昏。在高中时一个人走在上晚自习的路上，冬日的黄昏，橘黄色的街灯点缀着深蓝色的天幕，有时飘雨有时落雪，更多的时候也无风雨也晴，一如自己的大脑，是疲惫后的宁静与超然；还有的黄昏，站在学校寝室的窗前，眺望不远的山上忽明忽暗的灯光，护城河里的水仿佛也能穿透夜色低语着。思绪飘渺得不知去向，似乎总也不知道家在何方，总有着无限的希冀，当然也有过彻底的绝望，那时候彻底地明白了一句话：热闹的是他们，而我什么都没有。

"寂寞的、超脱的，一种很微妙的感觉似乎成了自己对黄昏最热切的期盼。然而毕竟我们都是红尘俗世中纠缠着的众生，谁也超脱不了。

"很快，文件生成，我关掉电脑，关上窗户，收拾心情，踏上回家的路。明天，又是一个假期。真好。"

珍妮是个懂得让自己内心平静的人。然而，现实生活中，在浮世中行走了太久的人们，又有多少懂得如何清心呢？许多人参与群体生活的缘由是他们不能够独居，不能够忍受寂寞，他们需要借助外界的喧闹来驱除内心的空虚。而群体生活却永远也不能治愈空虚，它只是经由精神的麻醉令人暂时忘记了寂寞与空虚的存在，结果反而加重了这种空虚。

我们都知道，热气球想飞得更高就要抛弃更多沙袋，风浪中的船想航行得更远，也要把笨重的货物扔掉。消极的情感就仿佛我们身上的负重，只有扔掉，生活才更加美好。不要压抑自己的不良情绪，如果这种不好的情绪一直在心里残留下去，就像沼气一样能够让人中毒。

与负面情绪一样，过去的成就、荣耀有时也是一种负累。我们如果总是停留在过去的成就、荣耀中，那么，便不能虚心去求知，便总是驻足不前。因此，如果你想让自己的内心变得更为强大宽广，如果你想更上一层楼,那么,你就必须拥有放下的智慧,放下过去的兴衰荣辱,以空杯心态面对未来。

当然,"空杯心态"并不是一味地否定过去,而是要怀着放空过去的一种态度,去融入新的环境,对待新的工作、新的事物。永远不要把过去当回事,要从现在开始,进行全面的超越!当"归零"成为一种常态、一种延续、一种时刻要做的事情时,你也就完成了人生的全面超越。

也许,你会问,我们的心灵里可能会有什么垃圾呢?对过去的成功、短暂的胜利、过期的佳绩的迷恋,当然,还有失望、痛苦、猜忌、纷争……清空是一个正视自己的机会,它能让你看到自己的优点,也能让你正视自己的缺点。你的优点可以促使你成功,缺点又何尝不会让你在平淡乏味的生活中体会意外的精彩?清空心灵垃圾是我们拥有好心态的关键。有了好的心态,我们才能更彻底地认识自己、挑战自己,为新知识、新能力的进入留出空间,保证自己的知识与能力总是最新的,才能永远在学习,永远在进步,永远保持身心的活力。

初心不改，信念能使人们的力量倍增

也许在我们每个人的心中，都希望自己能拥有完美的终身事业，当然，最终结果却并非总遂人愿。当你问他们为什么没有达到自己的理想时，他们又能找出一大堆原因，但其实，这都是他们的借口而已，最为根本的原因只不过是他们的信念太易于改变。

强有力的信念是能带来奇迹的，信念能使人们的力量倍增，如果失去信念，我们将一事无成。所以，当我们遇到困难时，要在心中建立一个成功的信念，这样，我们就能努力找到事情的光明面，然后用乐观的态度去寻找方法，将困难解决。

世界酒店大王希尔顿，用少量资本创业起家。有人问他成功的秘诀，他说："信心。"

美国前总统里根在接受《成功》杂志采访时说："创业者若抱有无比的自信心，就可以缔造一个美好的未来。"

生活中的每一个人，都要有成功的强烈愿望，只有这样，才能让他人更容易相信其能力，因而也会得到更多的锻炼机会，更容易成为一个有能力的人。

在很多渴望成功的人眼里，石油大王洛克菲勒是他们学习的榜样。他从一无所有到拥有商业帝国的故事堪称一个传奇，但事实上，这是他持之以恒、积极奋斗的回报，是命运之神对他艰苦付出的奖赏。他曾经对自己的儿子说过这样一句话："我们的命运由我们的行动决定，而绝非完全由我们的出身决定ồ"生活中的我们也需要记住，一个人的命运如何，是掌握在自己手里的，出身只能决定我们的起点，不能决定我们的终点。

洛克菲勒幼年时就随着父母过着动荡不安的生活，他们总是搬迁。到他11岁时，父亲因一桩诉讼案而出逃，此后，年仅11岁的洛克菲勒就担起了家里生活的重担。

后来，对知识的渴望，让他在商业专科学校学习了3个月，在学会了会计和银行学之后，他就辍学了。

出了学校的洛克菲勒，开始在休伊特·塔特尔公司做会计助理。在工作中，他始终不忘学习，每次，当休伊特和塔特尔讨论有关出纳的问题时，洛克菲勒总是认真倾听，从中汲取知识。另外，洛克菲勒在这家公司从业期间，为公司带来不少效益，赢得了老板的赏识。

洛克菲勒很细心，每次在公司交水电费的时候，洛克菲勒都要逐项核查后才付款，这很快就让洛克菲勒取得了老板的信任。

又有一次，公司高价购买的大理石有瑕疵，洛克菲勒巧妙地为公司索回赔偿，休伊特很欣赏他，就给他加了薪。

后来，洛克菲勒从一则新闻报道中得知由于气候原因，英国农作物大面积减产，于是他建议老板大量收购粮食和火腿，老板听从了他的建议。公司因此获取了巨额的利润。洛克菲勒要求加薪，却遭到了老板的拒绝，于是，洛克菲勒离开公司决定创业。当时，洛克菲勒只有800元，而创办一家谷物牧草经纪公司至少也得4000元。于是他和克拉克合伙创业，每人各出2000元，洛克菲勒想办法又筹集了1200元。这一年，美国中西部遭受了霜灾，农民要求以来年的谷物作抵押，请求洛克菲勒的公司为他们支付定金。公司没有那么多资金，洛克菲勒便从银行贷款，满足了农民的需要。经过一年的苦心经营，他们获利4000美元。

而如今，洛克菲勒中心的十几栋摩天大楼坐落在美国纽约曼哈顿，彰

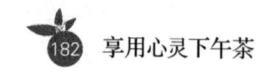

显着洛克菲勒奋斗得来的辉煌成果。

洛克菲勒的事业是从一个周薪只有5元钱的簿记员开始的，但经由不懈地奋斗却建立了一个令人艳羡的石油王国。洛克菲勒的成功并不是一个神话，他只是更懂得运用行动和智慧来经营人生，他有一双发现机会的慧眼。他从为别人打工开始，就显示出了与众不同的智慧。

这个真实的故事再次使我们坚信：一个人如果在年轻时就树立一个目标，并坚持不懈地为之努力，那么，他一定会成为一位成功的人。

人的潜力是无穷的，如果你对自己有足够的信心，就会发现自己原来拥有这样的潜力，原来自己可以做到许多事情，如果你想有个辉煌的人生，那就把自己扮演成你心里所想的那个人，让一个积极向上的自我形象时时伴随着自己。

总之，信念是一种无坚不摧的力量，当你坚信自己能成功时，你必能成功。许多人一事无成，就是因为他们低估了自己的能力，妄自菲薄，以至于限制了自己的成就。信心能使人产生勇气，成功的契机，是建立自己的信心和勇气，以信心克服所有的障碍。

参考文献

[1]杨安.心灵吸引力法则[M].北京：中国财富出版社，2016.

[2]赵禹.心灵每日下午茶[M].北京：中国时代经济出版社，2005.

[3]晓的枫.生活需要断舍离[M].北京：文汇出版社，2020.

[4]申草泥.有一种心态叫宽心[M].北京：中国长安出版社，2014.